一汤一菜

［日］主妇与生活社　编著

郑乐英　译

青岛出版社

QINGDAO PUBLISHING HOUSE

HAYAUMA ICHIJUU ISSAI

Copyright © 2017 SHUFUTOSEIKATSUSHA CO., LTD.

All rights reserved.

Originally published in Japan in 2016 by SHUFUTOSEIKATSUSHA CO., LTD.

Chinese (in simplified character only) translation rights arranged with SHUFUTOSEIKATSUSHA CO., LTD., Japan.

through CREEK & RIVER Co., Ltd. and CREEK & RIVER SHANGHAI Co., Ltd.

山东省版权局著作权登记号 图字：15-2018-122

图书在版编目（CIP）数据

一汤一菜 / 主妇与生活社编著 ; 郑乐英译 . —青岛 : 青岛出版社 , 2021.4

ISBN 978-7-5552-8218-1

Ⅰ . ①一⋯ Ⅱ . ①主⋯ ②郑⋯ Ⅲ . ①汤菜 – 菜谱 Ⅳ . ① TS972.122

中国版本图书馆 CIP 数据核字 (2019) 第 071920 号

书　　　名	一汤一菜　YI TANG YI CAI
编　著　者	［日］主妇与生活社
译　　　者	郑乐英
摄　　　影	福尾美雪
造　　　型	浜田惠子　深川Asari　佐佐木Kanako
设　　　计	久保多佳子（haruharu）
文　　　字	佐藤友惠
编　　　辑	小田真一
出 版 发 行	青岛出版社
社　　　址	青岛市海尔路182号（266061）
本 社 网 址	http://www.qdpub.com
邮 购 电 话	0532-68068091
策 划 编 辑	贺　林
责 任 编 辑	肖　雷
封 面 设 计	张　骏
设 计 制 作	张　骏　叶德永
制　　　版	青岛乐道视觉创意设计有限公司
印　　　刷	青岛海蓝印刷有限责任公司
出 版 日 期	2021年4月第1版　2021年4月第1次印刷
开　　　本	16开（787毫米×1092毫米）
印　　　张	5
字　　　数	133千
图　　　数	179幅
书　　　号	ISBN 978-7-5552-8218-1
定　　　价	45.00元

编校印装质量、盗版监督服务电话　4006532017　0532-68068050

建议陈列类别：生活类　美食类

一汤一菜 足矣！

　　以前人们吃饭讲究要三菜一汤，但当前社会人们疲于应对工作、家务和育儿等各种事情，根本没有时间和精力准备那么多饭菜。

　　正是在这种大环境下，"一汤一菜"的概念慢慢火了起来。营养和分量都充足的"一菜"，同样分量十足的"一汤"，只需10～20分钟就可以做出来，满足了大家的需要，因此"一汤一菜"开始受到众人青睐。

　　当然，餐桌上有山珍海味的确很棒，但是天天如此难道不会厌倦吗？你的身体能吃得消吗？我想你是希望家人吃得开心，也吃得健康。这里为大家请来了4位个性十足的人气美食专家，教大家制作简单却营养美味的"一汤一菜"。想在短时间内做出好吃的饭菜吗？本书为你量身打造了120款食谱，为你忙碌的生活增添乐趣和美味！

所谓"一菜"

◎分量十足的主菜，再配上米饭和汤，一顿美餐完成！

◎营养均衡，堪称完美。

◎烹饪仅需 10 ~ 20 分钟，效率极高。

所谓"一汤"

◎分量十足的汤品，弥补菜品的不足！

◎简单省时，做菜的间隙就能搞定。

◎柴鱼素（日本的一种提鲜调料）、汤料包可以尽情使用！

本书使用指南

· 材料的用量基本为 2 人份的。可根据个人饭量适当调整。

· 蔬菜等食材的一般事前准备工作（削皮、去籽、去瓤等）忽略不计。

· 如果没有特别备注，食材的克数是去皮和籽等之后的净重。

· 干制品泡发的时间、冷却的时间等都不包含在烹饪时间内。

· 微波炉用的是 600W（瓦）的，500W 微波炉的加热时间是其 1.2 倍，请根据微波炉的瓦数调整加热时间。

· 使用的平底锅是氟树脂材质的。

· 1 大勺的容积是 15ml（毫升）；1 小勺是 5ml，1 杯是 200ml。

· 有 推荐 标签的是强烈建议您做的料理。

本书会分别介绍菜和汤的做法。请根据冰箱里的库存情况和当下的心情，自由搭配喜欢的食谱吧！

目 录

大庭英子 小姐

第一章 ｜ 家常版 一汤一菜

木岛隆太 先生

第二章 ｜ 丰盛版 一汤一菜

近藤幸子 小姐

第三章 | 快手版 一汤一菜

角田真秀 小姐

第四章 | 清爽版 一汤一菜

菜

汤

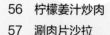

将猪肉制成结实的肉饼，煎至酥脆。分量十足的一道菜!

南部烤猪肉

材料（2人份）

A
猪肉碎 …… 200 g
生姜汁 …… 1小勺
酱油 …… 1/3大勺
酒、土豆淀粉 …… 各1/2大勺
香油 …… 1小勺

白芝麻 …… 1大勺
黑芝麻 …… 1小勺
南瓜 …… 100 g
色拉油 …… 1大勺

做法

1. 材料A全部倒入碗中混合均匀，分成六等份，再将每一份都制成1cm厚的圆肉饼（图a），两面撒上黑、白芝麻。南瓜切成1cm厚的片，再切成方便食用的条。

2. 平底锅中加入色拉油，中火加热，将肉饼和南瓜条放入锅内煎1分钟左右，再盖上锅盖，转小火煎3～4分钟。将肉饼和南瓜条翻面，转中火继续煎1分钟左右，再盖上锅盖，转小火煎3～4分钟即可。

a

　　不需要做特别的准备，用常用的食材和调料，也可以做出非常好吃的料理。这就是家常美食的魅力所在！大庭英子小姐认为："制作简单的料理不需要复杂的工具，全凭一双手。该揉的地方用手揉，该清理的地方用手清理，这就是制作家常美食的秘诀。"虽然是简单地用手制作，但是也需要技巧，比如不要揉出过多的水、把肉片裹上薄薄的一层土豆淀粉、形状容易碎的要先炒好再回锅等。制作家常美食很简单，相信大部分人都可以学会。

美食/

大庭英子 小姐

日式家常料理专家，善于用普通的食材做出美味的家常料理，常出现在料理杂志和电视节目中。著有多本书籍，最近出版的有《低糖塑身食谱》《回家后30分钟搞定晚餐》《新手入门——美味豆料理手帖》等。

豆芽口感爽脆有秘诀，制作简单而吃起来不觉得腻！

酱油豆芽炒肉

▌材料（2人份）

猪腿肉…… 150 g
豆芽 …… 250 g
土豆淀粉 …… 2 小勺
色拉油 …… 2 大勺
酒 …… 1 大勺
酱油…… $1\frac{1}{2}$ 大勺
砂糖 …… 1 小勺
胡椒粉 …… 少许

▌做法

1. 猪腿肉片成1cm 宽的薄片，撒上土豆淀粉混合均匀。
2. 平底锅中加入 1 大勺色拉油，大火烧热，将豆芽入锅，快速翻炒后盛出。
3. 用厨房纸将平底锅擦干，加入 1 大勺色拉油，中火加热，加入猪腿肉片翻炒。猪腿肉片炒至变色后淋上酒，加入酱油、砂糖、胡椒粉翻炒均匀，最后倒入炒好的豆芽快速翻炒即可。

▌小贴士

豆芽要先炒好放在一旁，猪肉裹上土豆淀粉后再炒就不会炒碎了。

家常版

10 分钟快手菜！
也可以加点自己
喜欢的蔬菜。

冲绳风苦瓜炒肉

▌材料（2～3人份）

五花肉薄片 …… 150 g

苦瓜 …… 1 根

洋葱（小个）…… 1/2 个

鸡蛋 …… 2 个

香油 …… 1 小勺

酒 …… 1 大勺

盐 …… 1/3 小勺

胡椒粉 …… 少许

▌做法

1. 五花肉片切成 2cm 长的条。苦瓜纵切为两半，再横着切成 3mm 厚的薄片。洋葱竖着切成条。鸡蛋打散。

2. 平底锅中加入香油，中火烧热，加入五花肉条，将五花肉条炒至变色后加入苦瓜片翻炒，苦瓜片稍稍变软后加入洋葱条继续翻炒。加入酒、盐和胡椒粉，再加入鸡蛋液翻炒均匀即可。

超级下饭的一款料理，猪肉炒得香香脆脆的，非常好吃！

酱香茄子青椒炒肉

■材料（2人份）

五花肉薄片 …… 200 g
茄子 …… 4 个
红尖椒 …… 1 个
青椒 …… 3 个
色拉油 …… 2 大勺
白芝麻 …… 少许

A ⎡ 味噌（或黄酱）…… 3 大勺
　⎢ 砂糖 …… 2 大勺
　⎣ 酒 …… 1 大勺

■做法

1. 五花肉片切成 3 ~ 4cm 长的条。茄子切成方便食用的块。红尖椒斜着切成两半。青椒纵切成两半，再横着切成 2 ~ 3cm 长的片。将材料 A 混合均匀。

2. 平底锅中加入色拉油，中火烧热，放入茄子块和红尖椒段翻炒。食材全部裹上油之后盖上锅盖，转小火烧 4 ~ 5 分钟。将茄子块翻面，再烧 3 分钟左右取出。

3. 将第二步的平底锅小火加热，放入五花肉条，将五花肉条炒干后，加入青椒片快速翻炒。

4. 将茄子块和红尖椒段再倒回锅内，加入调好的材料 A 翻炒均匀，撒上白芝麻即可。

■小贴士

茄子炒至变软会比较好吃。

用料超丰富！最后加入的柠檬汁会让整道菜非常爽口。

Caponata 风夏季蔬菜炖鸡 推荐

▌材料（2～3人份）

鸡腿肉 …… 250 g

洋葱 …… 1/2 个

大蒜 …… 1 瓣

茄子 …… 3 个

西葫芦 …… 1 个

彩椒（黄色） …… 1 个

西红柿 …… 2 个

葡萄干 …… 2 大勺

盐 …… 1/2 小勺

胡椒粉 …… 适量

橄榄油 …… 2 1/2 大勺

白葡萄酒（或水） …… 2 大勺

A ┌ 柠檬汁 …… 2 大勺
  └ 蜂蜜 …… 1 大勺

注：Caponata 是一种意大利风味的菜式。

▌做法

1. 鸡腿肉切成 3cm 见方的块，撒上 1/5 小勺盐（分量外）和少许胡椒粉。洋葱和大蒜切碎。茄子、西葫芦和西红柿切成 2cm 见方的块。彩椒切成 2cm 长的片。

2. 平底锅中加入 1/2 大勺橄榄油，中火烧热，加入鸡腿肉块翻炒。将鸡腿肉块炒至两面上色后，取出。

3. 在第二步的平底锅中加入 2 大勺橄榄油，中火烧热，炒洋葱碎和大蒜碎。洋葱碎炒软后，加入茄子块、西葫芦块和彩椒片翻炒均匀。

4. 将炒好的鸡腿肉块倒回锅内，淋上白葡萄酒，加入西红柿块、葡萄干、盐、少许胡椒粉后盖上锅盖，转小火煮 10～15 分钟。加入材料 A，再煮一会即可。

▌小贴士

葡萄干不必用水泡发，直接加入即可。

啤酒炖鸡

材料（2人份）

鸡腿肉 …… 300 g		
洋葱 …… 1/2 个	A	盐 …… 1/4 小勺
大蒜 …… 1 瓣		胡椒粉 …… 少许
杏鲍菇 …… 100 g		
西红柿（小个）…… 1 个	B	盐 …… 1/2 小勺
黄油 …… 1 大勺		胡椒粉 …… 少许
啤酒 …… 200 ml		
月桂叶 …… 1 片	C	米饭 …… 400 g
面粉 …… 适量		香芹碎 …… 1 大勺
色拉油 … 1/2 大勺		黄油 …… 1 大勺

做法

1. 鸡腿肉切成六等份，撒上材料 A，裹上面粉。洋葱和大蒜切碎。杏鲍菇切成 2 ~ 4 条后再切成 3cm 长的段。西红柿切成 2cm 见方的块。
2. 平底锅中加入色拉油中火烧热，加入鸡腿肉块翻炒。将鸡腿肉块炒至两面上色后取出。
3. 在第二步的平底锅中加入黄油，中火加热至化开，放入洋葱碎和蒜碎翻炒。洋葱碎炒软后，加入杏鲍菇段翻炒，再将炒好的鸡腿肉块倒回锅内。加入西红柿块、啤酒和月桂叶，煮沸后加入材料 B，盖上锅盖，转小火煮 10 ~ 15 分钟。
4. 将材料 C 拌匀后与炖好的材料一起装盘即可。

鸡肉裹上面粉后口感会特别嫩！口感微苦是本菜的特点。

鸡肉根茎菜筑前煮

简单煮一下就非常入味，用家里的根茎类蔬菜很快就能做好！

材料（2 ~ 3 人份）

鸡腿肉 …… 200 g	酒 …… 2 大勺	
魔芋（去麻味）…… 150 g	高汤（或水）	
牛蒡 …… 100 g	…… 70 ~ 100 ml	
胡萝卜（小个）…… 1 根	A	酱油 …… 3 大勺
莲藕 …… 150 g		味醂 …… 2 大勺
生姜 …… 小半块		砂糖 …… 1/2 大勺
色拉油 …… 1 大勺		

做法

1. 鸡腿肉切成 3 ~ 4cm 见方的块。魔芋用汤勺切成方便食用的块。牛蒡斜着切成 1cm 厚的片。胡萝卜切成 1cm 厚的圆片。莲藕切成 1cm 厚的半圆形片。生姜切丝。材料 A 混合均匀。
2. 平底锅中加入色拉油，中火烧热，加入鸡腿肉块翻炒。将鸡腿肉块炒至两面上色后，加入魔芋块翻炒均匀，再加入牛蒡片、胡萝卜片、莲藕片、姜丝一起翻炒。
3. 淋上酒，加入高汤，煮沸后加入混合均匀的材料 A 煮 10 ~ 12 分钟即可。煮制期间要不时地上下翻动一下。

小贴士

煮好后凉一会儿再吃会更入味。

蒸鸡刺身

简单、清爽又健康，适合搭配面类主食。

材料（2人份）

鸡胸肉（去皮）…… 250 g
黄瓜 …… 1根
日本姜 …… 2块
裙带菜（生的）…… 50 g
绿紫苏、姜末、芥末泥……
…………………… 各适量
酱油 …… 少许

A ┌ 水 …… 200 ml
  │ 大葱叶 …… 1根葱的量
  │ 姜皮 …… 少许
  │ 酒 …… 1大勺
  └ 盐 …… 少许

做法

1. 锅内放入鸡胸肉和材料A，盖上锅盖，中火加热，煮沸后转小火煮5～6分钟，然后捞出放凉。
2. 黄瓜切丝。日本姜纵切成薄片。裙带菜切成5cm长的段。取出第一步煮好的鸡胸肉，纵切成两半，再切成薄片。
3. 将切好的鸡胸肉片和绿紫苏、姜末、芥末泥装盘，淋上酱油即可。

小贴士

1. 冷冻的鸡胸肉在室温下化好再做，这样原本不好熟的中间部分也很容易就熟了。
2. 日本姜，也叫茗荷、羊角姜、阳荷。

家常版

材料（2人份）

鸡腿肉 …… 250 g
分葱 …… 2根
荞麦面（干面）…… 160 g
姜末…… 适量

A ┌ 姜皮 …… 少许
  │ 酒 …… 1大勺
  └ 盐 …… 1小勺

做法

1. 锅中放入鸡腿肉和600ml的水，中火煮沸，撇去浮沫后加入材料A，转小火煮10分钟左右，捞出姜皮。锅放至不烫手的时候将锅底放入冰水中冷却。
2. 将第一步中的鸡腿肉取出，纵切成两半，再切成1cm厚的片。取出鸡汤放在一边备用。分葱切成小葱圈。
3. 另取一口锅放入足量的热水煮沸，放入荞麦面，按照包装上的时间煮好。捞出荞麦面过凉水，沥干。
4. 碗中盛入荞麦面，依次放上葱圈、鸡腿肉片和姜末，再倒入鸡汤即可。

小贴士

1. 汤汁刚好保留了鸡肉的鲜美味道。浮沫一定要撇干净，没有杂味的清汤才是凉面好吃的关键。
2. 分葱是葱的一种，它也叫四季葱、菜葱、冬葱等。

鸡肉荞麦凉面

直接用煮鸡腿肉的汤做面汤！简单却极其美味。

天妇罗实际上是一种很省时的料理！炸鸡搭配上炸蔬菜，营养均衡。

炸鸡

▌材料（2人份）

鸡胸肉（去皮）……250 g
秋葵……8根
鸡蛋……1个
半月形柠檬块……适量
面粉……1杯
盐……1/5 小勺
食用油……适量

A ┌ 酒、酱油……各1/2 大勺
　└ 盐……1/2 小勺

▌做法

1. 鸡胸肉纵切成两半，再切成1cm厚的肉片，加入材料A拌匀。每根秋葵都切一个小口。
2. 鸡蛋打入量杯中打散，加入适量凉水，制成2/3杯蛋液。将蛋液倒入碗中，加入面粉和盐，用打蛋器混合均匀。
3. 油加热至170℃。擦干鸡胸肉片上的汁水，将其一片一片地放入面糊中挂糊，然后放入油中炸2～3分钟。油温烧至180℃时，下入秋葵快速炸好，捞出。
4. 将炸好的鸡胸肉片和秋葵装盘，摆上柠檬块即可。

▌小贴士

鸡胸肉下锅后油温会有所下降，所以为了保证口感，建议将鸡胸肉分几次炸。

加入杏鲍菇后，
分量更足；使用
整个牛油果后，
营养满分！

推荐

牛油果炒牛肉

材料（2人份）

牛肉片 …… 150 g
牛油果 …… 1个
杏鲍菇 …… 100 g
土豆淀粉 …… 2小勺
柠檬汁 …… 1小勺
色拉油 …… 2大勺
酒 …… 1大勺

A ┌ 酱油 …… $1\frac{1}{2}$ 大勺
  │ 砂糖 …… 1/2 大勺
  └ 胡椒粉 …… 少许

做法

1. 牛肉片裹上土豆淀粉。牛油果切成 1.5cm 厚的银杏叶状的块，淋上柠檬汁。杏鲍菇切小块。

2. 平底锅中加入 1 大勺色拉油，中火烧热，加入牛油果块，快速翻炒取出。

3. 在第二步的平底锅中再加入 1 大勺色拉油，中火烧热，加入牛肉片翻炒。牛肉片炒至变色后，加入杏鲍菇块翻炒均匀。杏鲍菇变软后淋上酒，再加入材料 A 继续炒，最后放入炒好的牛油果块快速翻炒，盛出即可。

小贴士

牛肉片裹上土豆淀粉后即使再加入调料也不容易出水。

韩式腌黄瓜炒牛肉

材料（2人份）

牛肉片 …… 150 g
黄瓜 …… 3根
葱花 …… 2大勺
蒜末 …… 1/2 小勺
盐 …… 2小勺
香油 …… 1大勺
酒 …… 1大勺

A ┌ 砂糖、酱油 …… 各1小勺
  └ 胡椒粉、辣椒粉 …… 各少许

白芝麻 …… 1/2 小勺

做法

1. 黄瓜纵切为两半，再斜着切成1cm厚的片。撒上盐抓匀，放置5分钟后用水冲洗，沥干水。
2. 平底锅中加入香油，中火烧热，加入牛肉片。将牛肉片炒至变色后，加入葱花和蒜末翻炒均匀，淋上酒，加入材料A翻炒。
3. 加入黄瓜片继续翻炒，最后撒上白芝麻即可。

炒过的黄瓜格外好吃！黄瓜用盐腌渍去掉水后口感会特别清脆。

虽然这道菜是沙拉，但口感特别丰富，搭配上薄荷叶，清淡爽口。

洋葱牛肉沙拉

材料（2人份）

牛肉片 …… 150 g
洋葱（小个） …… 1个
大蒜 …… 1瓣
薄荷叶 …… 适量
橄榄油 …… 2大勺

A ┌ 盐 …… 1/3 小勺
  └ 胡椒粉、孜然粉 …… 各少许

做法

1. 洋葱纵向切为两半，再纵向切成薄片，放入水中泡3分钟左右，然后捞出沥干水。大蒜切成薄片。
2. 平底锅中加入橄榄油和蒜片，小火加热，炒出香味后放入牛肉片，转中火继续炒。牛肉片炒至变色后加入材料A翻炒均匀，关火，加入洋葱片搅拌均匀。
3. 装盘，点缀上薄荷叶即可。

小贴士

如果没有孜然粉，可以适当增加胡椒粉的用量。

猪肉萝卜干煎蛋

分量超大的日式风味煎蛋，与米饭超配哦！

材料（2~3人份）

猪肉末 …… 100 g
萝卜干 …… 30 g
生姜 …… 1/2 小块
鸡蛋 …… 3 个
色拉油 …… 1/2 大勺
酒 …… 1 大勺

A ┌ 水 …… 3 大勺
  │ 酱油 …… 1 大勺
  │ 白砂糖 …… 1 小勺
  └ 胡椒粉 …… 少许

香油 …… 1 大勺

做法

1. 萝卜干放入足量的水中泡 15 分钟左右，沥干水，切成 4 ~ 5cm 长的条。生姜切丝。
2. 平底锅中加入色拉油中火烧热，放入猪肉末炒散。猪肉末炒至变色后加入切好的萝卜干条和姜丝翻炒均匀，淋上酒，加入材料 A。盖上锅盖，转小火煮 5 ~ 6 分钟。
3. 鸡蛋打入碗中并打散，加入第二步中煮好的菜，搅拌均匀。
4. 在直径 20cm 的平底锅中加入香油中火加热，倒入第三步的鸡蛋糊。盖上锅盖，中火加热 2 ~ 3 分钟，再转小火加热 3 分钟左右。将煎蛋翻面，敞开锅盖中火加热 2 分钟左右，再转小火加热 3 分钟左右，最后将煎蛋切成方便食用的块即可。

家常版

肉末黄豆炒日本芥菜

材料（2 人份）

猪肉末 …… 150 g
腌日本芥菜 …… 80 g
大葱 …… 1/2 根
红尖椒 …… 1 根
生姜 …… 1/2 块
熟黄豆（真空包装） …… 150 g
香油 …… 1 大勺
酒 …… 1 大勺
酱油、盐、胡椒粉 …… 各少许

做法

1. 腌日本芥菜切成 1cm 长的小段。大葱切成 1cm 长的小段。红尖椒切小段。生姜切丝。
2. 平底锅中加入香油，中火加热，加入猪肉末炒散。猪肉末炒至上色后，加入黄豆和切好的芥菜段、大葱段、红尖椒段和姜丝翻炒均匀，等大葱段稍微变软后淋上酒，加入酱油、盐、胡椒粉炒匀即可。

腌日本芥菜特有的香味让整道菜更加咸香！调料可以控制在最小用量。

搭配米饭也好吃！多做一点放入冰箱，犯懒时也能吃到肉。

推荐

民族风鸡肉末沙拉

材料（2 人份）

鸡肉末 ……200 g	A 大葱碎 …… 3 大勺
生菜 …… 1/2 个	大蒜（切碎）…… 1 瓣
香菜……2 棵	生姜碎 …… 1 小勺
香油 …… 2 大勺	红尖椒……4 小根
酒 …… 3 大勺	B 鱼露 …… 3 大勺
柠檬汁……3 大勺	砂糖 …… 1/2 大勺
	胡椒粉 …… 少许

做法

1. 生菜撕成方便食用的片。香菜切成 2 ~ 3cm 长的段。将生菜片和香菜段一起装盘。
2. 平底锅中加入香油，中火加热，放入鸡肉末炒散。鸡肉末炒至变色后加入材料 A 翻炒均匀，淋上酒，加入 4 大勺水。煮沸后，加入材料 B，盖上锅盖，转小火煮 5 ~ 6 分钟。加入柠檬汁搅拌均匀，盛出，放在蔬菜上即可。

小贴士

第二步的炒鸡肉末可以多做一些，搭配烧茄子等也非常好吃。放在冰箱中可以保存 3 ~ 4 天。

西红柿木耳炒鸡蛋

材料（2 人份）

鸡蛋 …… 3 个	色拉油 …… 2 大勺
干木耳 …… 5 g	酒 ……1/2 大勺
西红柿（小个）…… 2 个	胡椒粉 …… 少许
盐 …… 少许	

做法

1. 干木耳放入足量的水中泡 20 分钟左右，沥干水后切成方便食用的片。西红柿切成方便食用的块。鸡蛋打入碗中并打散，加入少许盐搅拌均匀。
2. 平底锅中加入 1 大勺色拉油，中火烧热，倒入打好的鸡蛋炒成大块。鸡蛋炒至半熟后取出。
3. 平底锅中加入 1 大勺色拉油，中火烧热，加入木耳片和西红柿块翻炒。全部炒熟后，再倒入鸡蛋，淋上酒，加入 1/4 小勺盐和胡椒粉翻炒均匀即可。

小贴士

西红柿容易炒烂，因此不要炒太久。

西红柿炒过之后甜度会大大提升！炒鸡蛋要快，成品口感才会软嫩。

独特的风味撞击你的味蕾，让人精神一振。
搭配的蔬菜也用同样的汤汁炖好。

韩式炖青花鱼

材料（2 人份）

青花鱼 …… 1/2 条（约 200 g）
卷心菜 …… 150 g
大葱碎 …… 2 大勺

A ┌ 酒 …… 2 大勺
  │ 酱油 …… 1 大勺
  └ 辣椒酱 …… 1/2 ~ 1 大勺

香油 …… 1 小勺
白芝麻 …… 少许

做法

1. 将青花鱼斜着切成大小相同的 6 块，在每块鱼皮上面划出两个浅口。卷心菜切成 4cm 见方的片。

2. 锅中加入 100 ~ 130ml 水，中火加热，沸腾后加入材料 A，放入青花鱼块。煮沸后用汤勺把汤汁浇到青花鱼块上，青花鱼块表面变色之后加入大葱碎。盖上锅盖，转小火煮 8 ~ 10 分钟。淋香油，再煮一会儿，撒上芝麻装盘。

3. 锅用小火加热，放入卷心菜片，翻搅。卷心菜片变软后，盛到装有青花鱼块的盘中即可。

家常版

味噌擂竹荚鱼

材料（2 人份）

竹荚鱼（刺身用、三刀切法）…… 2 ~ 3 条（约 160 g）
大葱 …… 3cm 长的一段
黄瓜 …… 1 根
胡萝卜 …… 1/2 根
姜末 …… 1 小勺
绿紫苏叶 …… 适量
味噌 …… 1 ~ 1$\frac{1}{2}$ 大勺
生菜叶 …… 1 片

做法

1. 大葱纵向切成 4 部分，然后再切成葱花。黄瓜切成两段，再用切片器等工具竖着擦成薄片。胡萝卜切丝。

2. 竹荚鱼去掉鱼骨和鱼皮，切成 5mm 宽的条，用菜刀略微敲打一下。放上葱花、姜末和味噌，再次敲打，并混合均匀制成鱼肉碎。

3. 盘中铺上绿紫苏叶，盛上敲打好的鱼肉碎，再摆上黄瓜片、生菜叶和胡萝卜丝即可。

小贴士

选择做刺身用的新鲜竹荚鱼。

特价刺身肉分分钟变身成一道珍品！

> 甜咸口味的沙丁鱼也非常好吃！将蔬菜稍微煎一下作为配菜食用。

煎沙丁鱼

▌材料（2人份）

沙丁鱼（择过）…… 4 条
山药片 …… 2 片
豌豆 …… 3 根
土豆淀粉 …… 适量
色拉油 …… 3 大勺
盐 …… 少许
酒 …… 2 大勺

A ┌ 姜汁 …… 1 小勺
 │ 味酥、酱油 …… 各 2 大勺
 └ 砂糖 …… 1/2 大勺

七味粉 …… 少许

▌做法

1. 沙丁鱼去刺，裹上薄薄的一层土豆淀粉。
2. 平底锅中加入 1 大勺色拉油，中火烧热，放入山药片和豌豆煎 2 分钟左右，翻面再煎 2 分钟左右。装盘，撒盐。
3. 第二步的平底锅中加入 2 大勺色拉油，中火烧热，将沙丁鱼摆入锅内煎 2 ~ 3 分钟，翻面再煎 2 ~ 3 分钟，盛出。用厨房纸吸掉多余的油脂，转小火，淋上酒，加入材料 A。边煮边用汤勺舀起汤汁浇在沙丁鱼上使其入味。
4. 将烧好的沙丁鱼盛入摆好山药片和豌豆的盘中，撒上七味粉即可。

豆腐秋葵味噌汤

材料（2人份）

老豆腐 …… 100 g
秋葵 …… 4根
高汤 …… 330ml
味噌 …… $1\frac{1}{2}$大勺

做法

1. 老豆腐切成1cm见方的块。秋葵切成1cm长的小段。
2. 锅内加入高汤，中火煮沸，加入秋葵段煮2分钟左右。加入老豆腐块，再次煮沸后加入味噌烧至化开，再煮一会儿即可。

> 秋葵的黏液会提升汤的口感。

日式汤

家常版

只要在味噌汤内加点儿提味的食材，整道汤的口感就会大大提升！

西葫芦油炸豆腐味噌汤

材料（2人份）

西葫芦 …… 1/2根
油炸豆腐 …… 150 g
高汤 …… 330ml
味噌 …… $1\frac{1}{2}$大勺
黑胡椒碎 …… 少许

做法

1. 西葫芦用削皮器把坏的皮全部削掉，再切成1cm厚的圆片。油炸豆腐切成5mm见方的块。
2. 锅内加入高汤和油炸豆腐块，中火煮沸后盖上锅盖，转小火煮3~4分钟。放入西葫芦片煮软后，加入味噌煮化开，再煮一会儿。
3. 盛入碗中，撒上黑胡椒碎即可。

> 用胡椒粉提味！

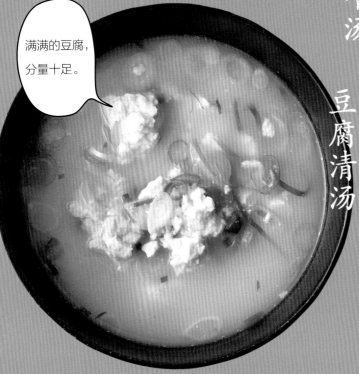

生菜油炸豆腐味噌汤

生菜可不是只能用来做沙拉哦!

材料(2人份)

生菜 …… 100 g
油炸豆腐 …… 150 g
高汤 …… 330 ml
味噌 …… 1 $\frac{1}{2}$ 大勺

做法

1. 生菜切成3~4cm见方的片。油炸豆腐纵向对半切,然后再切成1cm见方的块。
2. 锅内加入高汤和油炸豆腐块,中火烧热,煮沸后转小火煮2~3分钟。放入生菜片煮1分钟左右,加入味噌煮化开,再煮一会儿即可。

豆腐清汤

满满的豆腐,分量十足。

推荐

材料(2人份)

老豆腐 …… 150 g
冬葱 …… 1根
高汤 …… 330 ml
盐 …… 1/2 小勺

做法

1. 冬葱切成小葱圈。
2. 锅内加入高汤,中火烧热,煮沸后转小火,加盐。把老豆腐掰成方便食用的块,然后放入锅中煮一会儿,最后放入葱圈煮一下盛出即可。

黄瓜姜片芝麻味噌冷汤

非常消暑的一款汤。

材料(2人份)

黄瓜 …… 2/3 根
日本姜 …… 1块
白芝麻 …… 3 大勺
味噌 …… 1 $\frac{1}{2}$ 大勺
高汤 …… 300 ml

做法

1. 黄瓜切成圆薄片。日本姜横着切成小薄片。
2. 研磨碗中放入3大勺芝麻,用研磨棒将芝麻磨细。加入味噌捣拌均匀,再加入高汤把味噌化开,加入黄瓜片,放入冰箱冷却1小时左右。
3. 盛入碗中,放上日本姜片再撒上少许白芝麻(分量外)即可。

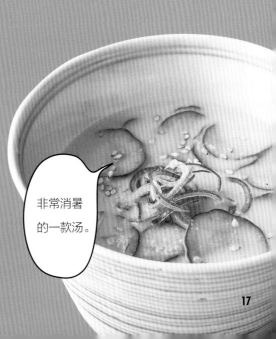

肉末韭菜西红柿汤

肉末的香与高汤的鲜完美融合。

■材料（2人份）

猪肉末 …… 80 g
韭菜 …… 1/3 扎
西红柿（小个）…… 1/2 个
色拉油 …… 1 小勺
酒 …… 1 大勺
盐 …… 1/2 小勺
胡椒粉 …… 少许

■做法

1. 韭菜切成 5mm 长的段。西红柿切成 1cm 见方的块。
2. 锅内加入色拉油，中小火烧热，放入猪肉末炒散。肉末炒至变色后淋上酒，加入 400ml 水。
3. 煮沸后转小火，撇去浮沫，加入盐和胡椒粉，盖上锅盖煮 8～10 分钟。最后加入切好的韭菜段和西红柿块煮一会儿即可。

其他类型的汤

这类清汤、浓汤无论搭配米饭还是面包都很合适，请根据主食来选择。

家常版

和日式、西式主食都很配！

山药泥冷汤

■材料（2人份）

熟山药 …… 200 g
鳕鱼子 …… 适量
香葱圈 …… 适量
高汤 …… 100 ml
盐 …… 1/4 小勺

■做法

1. 山药磨成泥后倒入碗中。高汤和盐混合好，一点点加入山药泥中使山药泥化开。
2. 盛入碗中，放上醒好的鳕鱼子和香葱圈即可。

烤茄子味噌冷汤

▌材料（2人份）

茄子 …… 4 个
姜末 …… 适量
高汤 …… 300 ml
味噌 …… 1 大勺

▌做法

1. 茄子放在烤网（或烤鱼架子）上用大火烤，不时地翻面直至表面完全变色，迅速放入凉水中浸泡冷却，捞出去皮，切成 2cm 厚的圆片。
2. 将茄子片、高汤和味噌一起放入料理机中搅打细腻。倒入碗中，放入冰箱冷藏 1 小时左右。
3. 盛入碗中，放上姜末即可。

浓汤和味噌汤的融合。

冬天食用可以用白萝卜代替冬瓜，同样美味。

鸡肉冬瓜汤

▌材料（2人份）

鸡肉末 …… 80 g
冬瓜 …… 150 g
姜皮 …… 少许
色拉油 …… 1 小勺
酒 …… 1 大勺
盐 …… 1/2 小勺
胡椒粉 …… 少许

推荐

▌做法

1. 冬瓜切成 1 ~ 1.5cm 见方的块。
2. 锅内加入色拉油中小火烧热，放入鸡肉末炒散。肉末炒至变色后淋上酒，加入 400ml 水和姜皮。
3. 煮沸后漂去浮沫，加入冬瓜块。再次煮沸后加入盐和胡椒粉，盖上锅盖转小火煮 8 分钟左右。冬瓜块变软后，捞出姜皮即可。

泡菜豆腐豆乳汤

▌材料（2人份）

泡菜（辣白菜）…… 80 g	盐 …… 少许
嫩豆腐 …… 150 g	香油 …… 1/2 小勺
水芹丁 …… 适量	白芝麻 …… 少许
纯豆乳 …… 200 ml	
酱油 …… 1/2 小勺	

▌做法

1. 泡菜切成 1cm 长的段。嫩豆腐切成两半。
2. 锅内放入 130ml 水，中火烧热，沸腾后加入泡菜段和嫩豆腐块煮一会儿。加入豆乳，豆乳烧至温热后加入酱油和盐，滴上香油。
3. 盛入碗中，撒上水芹丁和白芝麻即可。

▌小贴士

水芹也可以用韭菜和香葱等代替。

含有丰富的大豆异黄酮。

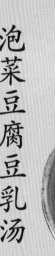

厚厚的肉片,非常入味!令所有男生都满足的超大分量,无敌下饭!

泡菜炒肉

推荐

▌材料(2人份)

猪颈肩肉 …… 200 g
泡菜(辣白菜)…… 150 g
洋葱 …… 1/2 个
韭菜 …… 1/2 扎
温泉蛋(买现成的)…… 1 个
香油 …… 2 小勺

A ┌ 酒、蚝油、酱油 …… 各 2 小勺
  └ 砂糖 …… 1 小勺

白芝麻 …… 适量

▌做法

1. 猪颈肩肉切成方便食用的块。泡菜用食物剪剪碎。洋葱横向切为 1.5cm 宽的条。韭菜切成 4cm 长的段。
2. 平底锅中加入香油,中火烧热,加入猪肉块炒制。猪肉块炒至变色后拨到一边,在平底锅空的地方放入泡菜快速炒一下,然后加入洋葱条翻炒均匀。
3. 洋葱条炒软后加入材料 A 整体翻炒均匀,再加入韭菜段快速翻炒一下。
4. 装盘,撒上芝麻,打入温泉蛋即可。

▌小贴士

泡菜用食物剪处理就不会弄脏砧板了,清洗起来也简单。

木岛先生非常擅长做富有男子汉气概、用料丰富的美食。接下来的操作中，食材可以切得稍微大一些，做一款看起来丰盛、吃起来满足的菜。泡菜可以直接用食物剪随意剪成大块！这一盘绝对满足你的胃口。通常人们会认为好吃的炖菜都非常耗时间，但其实把食材和调料一起放入锅内炖煮，短时间内就可以做出美味的炖菜了。

美食/
木岛隆太 先生

美食研究家。祖母是美食研究家村上昭子，母亲杵岛直美同样是一位美食研究家。大学毕业后，木岛先生曾在服装制造厂工作，之后成为母亲的助手，最后独立工作。除了为杂志供稿，在电视节目中他也非常活跃，制作了《木岛隆太肚子饿了！》等节目。最近的著作《少量采购 COOKING》（COOKING即烹饪）一书获高度好评，销售火爆。

番茄酱猪肉

▌材料（2人份）

猪肉片 …… 250 g
洋葱 …… 1/2 个
卷心菜 …… 1/6 个
芝士粉 …… 适量
色拉油 …… 1/2 大勺

A ┌ 盐、胡椒粉 …… 各少许
  └ 面粉 …… 2 小勺

B ┌ 番茄酱 …… 3 大勺
  └ 英国辣酱油、蜂蜜 …… 各 1/2 大勺

黑胡椒碎 …… 适量

▌做法

1. 洋葱切成 1cm 宽的半月形的片。
2. 卷心菜撕成方便食用的片，装盘。
3. 平底锅中加入色拉油，中火烧热，放入猪肉片炒散，依次撒入材料 A 翻炒。猪肉片炒至变色后加入洋葱片翻炒均匀，洋葱变软后加入材料 B 拌匀。
4. 将炒好的菜盛入第二步的盘中，撒上芝士粉和黑胡椒碎即可。

猪肉片炒好后直接在平底锅中调好味。卷心菜要用手豪爽地撕碎哦。

土豆烧肉

材料（2人份）

五花肉薄片 …… 200 g
土豆 …… 2个（300～400 g）
洋葱 …… 1/2个
魔芋丝（去除麻味）…… 100 g
豆角 …… 1/2根
色拉油 …… 1 小勺
A ┌ 酱油 …… 2$\frac{1}{2}$大勺
  └ 砂糖、味醂 …… 各1大勺

做法

1. 土豆带皮洗净，用保鲜膜包好，放在耐热容器上，用微波炉加热3分钟左右，翻面再加热2分钟左右，放在一边散热。五花肉片切成5cm宽的片。洋葱切成1cm宽的半月形的条。魔芋丝对半切开。豆角切成4cm长的段。

2. 平底锅中加入色拉油，中火烧热，加入五花肉片炒制。五花肉片炒至变色后，加入洋葱条和魔芋丝快速翻炒，再加入材料A整体翻炒均匀。加入200ml水盖上锅盖，煮3分钟左右。

3. 土豆剥皮，切成四至六等份，加入第二步的锅中。转大火煮3分钟左右收汁。放入豆角段盖上锅盖，转小火烧2分钟左右即可。

土豆先用微波炉加热一下，然后用平底锅炒一下，再煮一会儿即可！

丰盛版

煎熟的西红柿更甜，口感软滑，与五花肉浓厚的肉香堪称绝配！

西红柿五花肉卷

材料（2人份）

五花肉薄片 …… 12片（150 g）
西红柿 …… 2个
绿紫苏叶 …… 6片
半月形柠檬块 …… 适量
盐 …… 1/4 小勺
胡椒粉 …… 少许
香油 …… 1 小勺
酱油 …… 适量

做法

1. 西红柿切成六等份的半月形块。绿紫苏叶纵向切为两半。
2. 取一片五花肉铺开，上面铺上一片绿紫苏叶，再铺上一块西红柿，然后紧紧地卷起来。剩下的也用同样方法卷起。表面撒上盐和胡椒粉。
3. 平底锅中加入香油，将卷好的肉卷摆入锅内，中火加热煎至肉片整体上色。煎制期间要经常翻面。
4. 装盘，洒上酱油，配上柠檬块即可。

小贴士

西红柿和绿紫苏叶均可生食，所以只要把肉煎熟即可。

切好的猪肉片搭配煮熟的鹌鹑蛋，易熟又省时！

丰盛版

快手炖猪肉

▊材料（2人份）

猪肩颈肉片 …… 3片（300 g）
生姜 …… 1块
香葱 …… 8根
熟鹌鹑蛋 …… 6个

A ⎡ 水 …… 100 ml
  ⎜ 海带片（5cm见方） …… 1片
  ⎜ 酒 …… 2大勺
  ⎣ 砂糖 …… 1大勺

酱油、蚝油 …… 各1大勺
芥末汁 …… 适量

▊做法

1. 猪肩颈肉片切成四至六等份。生姜带皮切成薄片。香葱切成4cm长的段。
2. 平底锅中放入材料A。
3. 在第二步的平底锅中加入猪肩颈肉片、生姜片和熟鹌鹑蛋，中火煮沸，盖上锅盖后转小火，煮5分钟左右。加入酱油和蚝油，转大火开盖煮2～3分钟至收汁，加入香葱段快速煮匀。
4. 装盘，配上芥末汁即可。

▊小贴士

鹌鹑蛋也可以用煮鸡蛋代替。

猪肝如果腌好入味的话，完全吃不出腥味！

简 易 烧 猪 肝　推荐

材料（2人份）

猪肝薄片 …… 300 g
大葱段 …… 3 cm 长的一段
A　生姜碎 …… 1/2 小勺
　　酱油、酒 …… 各 2 小勺
B　大蒜碎 …… 1/4 小勺
　　蚝油、酒、水 …… 各 1 大勺
　　酱油、砂糖 …… 各 1/2 大勺
土豆淀粉 …… 2 大勺
色拉油 …… 1 大勺
干辣椒粉 …… 适量

做法

1. 猪肝片拌上材料 A 腌 7 ~ 8 分钟。大葱切成丝，焯水，沥干。将材料 B 混合均匀。
2. 用厨房纸擦干猪肝片上的汤汁，裹上土豆淀粉。
3. 平底锅中加入色拉油，中火烧热，将猪肝片平铺入锅内煎制。猪肝片上色后翻面，再煎 2 分钟左右。加入调好的材料 B，开盖煮匀。
4. 装盘，放入葱丝，撒上干辣椒粉即可。

炒过的面包糠
口感特别脆,
满足感会大大
提升!西葫芦
也要切大块。

丰盛版

西葫芦鸡肉面包糠

材料(2人份)

鸡腿 …… 1根(约300g)
西葫芦 …… 1小根
洋葱 …… 1/2个
A ┌ 大蒜碎 …… 1/2 小勺
  │ 面包糠 …… 4 大勺
  │ 橄榄油 …… $1\frac{1}{2}$ 大勺
  └ 自己喜欢的干香草 …… 少许
盐 …… 1/4 小勺
胡椒粉 …… 少许

做法

1. 剥下鸡腿上的肉切成方便食用的块。西葫芦切成5cm长的段后再切成4块。洋葱切成1.5cm宽的半月形的条。
2. 平底锅中火烧热,放入材料 A 翻炒。面包糠炒至浅咖啡色后盛出。
3. 第二步的平底锅中火烧热,将鸡肉块带皮的一面朝下放入锅内煎。鸡肉块煎至上色后翻面,加入西葫芦块和洋葱条,盖上锅盖烧3分钟左右。全部熟透后撒上盐和胡椒粉。
4. 装盘,撒上第二步炒好的面包糠即可。

小贴士

这里说的干香草是用牛至、百里香、罗勒、欧芹等制成的混合香料。也可以选择自己喜欢的香草。

糖醋西红柿鸡翅根

材料（2人份）

鸡翅根 …… 6根
西红柿 …… 2个
洋葱 …… 1/2个
大蒜 …… 1瓣

A ┌ 红辣椒 …… 1根
  │ 酱油、醋 …… 各3大勺
  └ 砂糖 …… 1大勺

推荐

做法

1. 一个西红柿切成1cm见方的块，另一个切成八等份的半月形的大块。洋葱纵向切为1cm宽的条。大蒜剁成末。
2. 锅内放入鸡翅根、小块西红柿、洋葱条、蒜末和材料A，中火煮沸，盖上锅盖转小火，煮10分钟左右。
3. 加入半月形的大块西红柿，转大火开盖煮至西红柿变软即可。

小贴士

1. 也可以用切成小块的鸡腿肉代替鸡翅根。
2. 鸡翅根和洋葱、醋一起煮比较容易煮烂。

西红柿和醋的搭配让整道菜非常酸爽。其中一个西红柿切成大块，成品既融入了西红柿的鲜美，又保留了西红柿的口感。

15分钟左右即可搞定的美味炖菜。加入魔芋为健康加码。

快手酱烧鸡肉

材料（2人份）

鸡腿肉块（炸鸡用）…… 250g
海带片（5cm见方）…… 1片
大葱 …… 1/2根
魔芋（去麻味）…… 100g
青尖椒 …… 10根

A ┌ 味噌 …… 2大勺
  └ 砂糖、味醂、酱油 …… 各1/2大勺

做法

1. 大葱斜着切成1cm宽的段。魔芋切成5mm宽的条。青尖椒切开一个口。
2. 平底锅中加入150ml水和海带片。
3. 在第二步的平底锅中加入葱段、魔芋条，加入材料A，中火煮沸，加入鸡腿肉块。再次煮沸后盖上锅盖煮5分钟左右。加入青尖椒，煮至青尖椒变软即可。

蛋黄酱泡菜炖鸡肉

▌材料（2人份）

鸡腿 …… 1根（约300 g）
绿芦笋 …… 4根
泡菜（辣白菜）…… 150 g
盐 …… 1 小勺
蛋黄酱 …… 适量
蜂蜜 …… 1 小勺

▌做法

1. 绿芦笋切成 4cm 长的段。锅内加入 400ml 水和盐，中火烧热，煮沸后加入芦笋段煮 1 分钟左右，捞出。从鸡腿上剥下鸡肉，将鸡肉放入锅内，盖上锅盖煮 8 ~ 10 分钟，捞出，不烫手后切成方便食用的块。
2. 泡菜用食物剪剪成大片。碗内加入 1 大勺蛋黄酱和蜂蜜搅匀，再加入泡菜片拌匀。
3. 鸡肉装盘，将第二步中拌好的泡菜片放在鸡肉块上，再挤上适量蛋黄酱。配上绿芦笋段即可。

▌小贴士

最后的蛋黄酱根据个人喜好使用，可用可不用！

鸡肉基本不需要腌入味。炖好的鸡肉搭配泡菜和蛋黄酱，味道足够丰富！

丰盛版

浓汤鸡胸肉炖豆腐

▌材料（2人份）

鸡胸肉（带皮）…… 1块（约300 g）
香葱 …… 3 根
老豆腐 …… 200 g
油渣（买现成的）…… 2 大勺
土豆淀粉 …… 适量
色拉油 …… 1 大勺

A ┌ 水 …… 150 ml
  │ 大蒜（磨碎）…… 1 瓣
  │ 酱油 …… 2 大勺
  └ 砂糖 …… 1/2 大勺

▌做法

1. 鸡胸肉切成 1cm 厚的片，裹上薄薄一层土豆淀粉。香葱斜着切薄片，过一下水，捞出，沥干水。
2. 平底锅中加入色拉油，鸡胸肉片平铺入锅内，中火烧热，煎制。鸡胸肉片煎至变色后翻面，加入材料 A 煮沸，用汤勺把老豆腐一块块挖下来放入锅内，盖上锅盖煮 5 分钟左右。
3. 装盘，撒上油渣和香葱片即可。

鸡胸肉裹上土豆淀粉后煎出来会更加软嫩，超级美味！用来做料理会给你大大的满足感。

肉末茄子炒西红柿

▌材料（2人份）

鸡腿肉末 …… 200 g
茄子 …… 2 个
西红柿 …… 1 个
蒜末 …… 1/2 小勺

香油 …… 1 大勺
豆瓣酱 …… 1/2 小勺
花椒粉 …… 适量

A ┌ 水 …… 100 ml
 │ 蚝油 …… 1 大勺
 │ 酱油、砂糖 …… 各 1/2 大勺
 └ 土豆淀粉 …… 1 小勺

▌做法

1. 茄子切成方便食用的块。西红柿切成八等份半月形的块。材料 A 混合均匀。
2. 平底锅中加入香油，中火烧热，放入鸡腿肉末炒散，鸡腿肉末炒至变色后加入茄子块翻炒均匀。茄子块变软后加入蒜末和豆瓣酱翻炒，全部炒匀后加入西红柿块快速翻炒一下。
3. 加入调好的材料 A，炒至汤汁黏稠。
4. 装盘，撒上花椒粉即可。

> 豆瓣酱和花椒粉带有少许辣味。材料准备好之后，就只剩下炒这么简单了。

肉末豆腐

▌材料（2人份）

猪肉末 …… 250 g
老豆腐 …… 400 g
青尖椒 …… 8 根
鸡蛋 …… 2 个
色拉油 …… 1/2 大勺

A ┌ 酱油 …… 2 大勺
 │ 砂糖、味醂
 └ 　 各 1/2 大勺

▌做法

1. 在耐热容器上铺上较厚的厨房纸，放上老豆腐，用叉子扎碎老豆腐，不用裹保鲜膜直接放入微波炉中加热 2 分钟左右。青尖椒切成 5mm 宽的小圈。鸡蛋打散。
2. 平底锅中加入色拉油，中火烧热，放入肉末炒散。肉末炒至变色后加入老豆腐翻炒，炒的过程中要把豆腐压碎。肉末和豆腐炒干的时候加入青尖椒圈继续炒。
3. 青尖椒圈炒软后加入材料 A 翻炒，再加入打散的鸡蛋液翻炒均匀即可。

▌小贴士

老豆腐扎碎后用微波炉加热可以更快地去除豆腐里的水。

> 肉末中溢出的肉香大大提升了这道菜给人的满足感。浇在米饭上也非常好吃。

超级下饭哟！洋葱横切可以切断它的纤维，这样更容易熟，可以缩短加热时间。

丰盛版

味噌牛肉

材料（2人份）

牛肉片 …… 200 g
洋葱 …… 1/2 个
韭菜 …… 1/2 扎
鸡蛋黄 …… 1 个
红姜丝 …… 适量

A ┌ 大蒜（磨碎）…… 1 瓣
  │ 味噌、酒 …… 各 1 大勺
  └ 酱油、砂糖 …… 各 1/2 大勺

香油 …… 1/2 大勺
盐、胡椒粉 …… 各少许

做法

1. 洋葱横切成 5mm 宽的片。韭菜切成 4cm 长的段。将材料 A 混合均匀。
2. 平底锅中加入香油，中火烧热，放入牛肉片炒散，撒上盐和胡椒粉快速翻炒。加入洋葱条翻炒均匀，洋葱条炒至变软后依次加入调好的材料 A 和韭菜段，开盖炒好。
3. 装盘，放上鸡蛋黄配上红姜丝即可。

青尖椒肉片

推荐

▌材料（2人份）

牛肉片 …… 200 g
青尖椒 …… 3 个
竹笋 …… 150 g
香油 …… 2 小勺

A ┌ 盐、胡椒粉 …… 各少许
  └ 土豆淀粉 …… 2 小勺

B ┌ 酒、酱油 …… 各 1 大勺
  └ 蚝油、砂糖 …… 各 1/2 大勺

▌做法

1. 青尖椒切成八等份。竹笋切成方便食用的长度后，再纵向切成 7 ~ 8mm 的厚片。
2. 平底锅中加入香油，中火烧热，放入牛肉片炒散，依次放入材料 A 颠锅炒。牛肉片炒至变色后加入切好的青尖椒片和竹笋片翻炒均匀，青尖椒片变软后加入材料 B 炒匀即可。

▌小贴士

食材原本应该切丝，但是因为用了牛肉片，所以蔬菜也切成大片了，这样节省了处理时间。

每一种食材都切得很大块！可以充分享受青椒和竹笋带来的口感，绝对豪爽。

仅用冰箱里常备的食材就可以快速做出这道分量十足的菜品。和米饭、面包都很配!

香肠土豆

▌材料（2人份）

维也纳香肠 …… 6 根
土豆 …… 2 个（300 ~ 400 g）
大葱 …… 1/2 根
香芹碎 …… 适量
橄榄油 …… 1/2 大勺

A ┌ 酱油 …… 1 小勺
  ├ 盐 …… 1/4 小勺
  └ 胡椒粉 …… 少许

黄油 …… 10 g

▌做法

1. 土豆带皮洗净后用保鲜膜裹起来，放在耐热容器上用微波炉加热 3 分钟左右，翻面再加热 2 分钟左右，放至不烫手后带皮切成 1.5cm 厚的银杏叶状的块。香肠斜着切成三等份。大葱切成 1cm 长的段。
2. 平底锅中加入橄榄油，中火烧热，放入香肠段和大葱段翻炒。大葱段稍微变色后放入土豆块翻炒均匀。
3. 土豆块炒至微微变色后依次加入材料 A，再加入黄油和香芹碎翻炒均匀即可。

煎好的三文鱼片，香嫩可口。再盖上炒香的韭菜，如同加入料汁一样，口味更加丰富！

韭香三文鱼片

材料（2人份）

三文鱼片 …… 2片	黑胡椒碎 …… 少许
茄子 …… 1个	面粉 …… 适量
大蒜 …… 1瓣	色拉油 …… 适量
韭菜 …… 1扎	A 蚝油、酱油、酒
盐 …… 适量	…… 各1/2大勺

做法

1. 三文鱼片撒上1/4小勺盐和黑胡椒碎，裹上面粉。茄子用削皮器去皮，然后切成两段再分别切成四等份。大蒜切薄片。韭菜切成1cm长的段。

2. 平底锅中加入1大勺色拉油，中火烧热，放入三文鱼片和茄子块煎制。三文鱼片和茄子块煎至变色后翻面，转小火再煎2分钟左右，在茄子上撒少许盐。将煎好的三文鱼片和茄子块装盘。

3. 用厨房纸将第二步的平底锅擦干，加入1/2大勺色拉油和蒜片，中火加热，炒香后加入韭菜段快速翻炒。再加入材料A翻炒均匀，韭菜段炒软后倒在煎好的三文鱼片上即可。

丰盛版

极光酱汁虾仁

材料（2人份）

大虾仁 …… 200 g
小松菜 …… 200 g
盐、胡椒粉 …… 各少许

A ┌ 蛋黄酱 …… 2大勺
  │ 番茄酱 …… 1/2大勺
  └ 朝天椒 …… 适量

色拉油 …… 1/2大勺

做法

1. 虾仁撒上盐和胡椒粉。小松菜把茎和叶分开，茎切成4cm长的段，叶切成1cm宽的片。将材料A混合均匀。

2. 平底锅中加入色拉油，中火烧热，炒虾仁。虾仁炒至变色后放入小松菜茎炒匀。菜茎变软后再加入菜叶继续炒，最后倒入混合好的材料A快速翻炒均匀即可。

虾仁和小松菜分量十足，搭配上男士们喜欢的蛋黄酱和番茄酱，香味浓郁！

以黄油和酱油突显蛤蜊和培根的鲜美。再以苦瓜的苦味点题。

黄油苦瓜炒蛤蜊培根

推荐

■材料（2人份）

蛤蜊（吐净沙子）…… 300 g
培根薄片 …… 4 片
大蒜 …… 1 瓣
苦瓜 …… 1 小根
色拉油 …… 1/2 大勺
酒 …… 2 大勺
黄油 …… 10 g
酱油 …… 1 小勺
黑胡椒碎 …… 少许

■做法

1. 培根片切成 1cm 宽的条。苦瓜纵向切成两半后再横向切成 1cm 厚的片。蒜切成末。
2. 锅内加入色拉油和蒜末，中火烧热，炒香后加入培根条翻炒。培根条稍稍着色后，加入蛤蜊和苦瓜片，翻炒均匀。淋上酒，盖上锅盖，烧 4 ~ 5 分钟，加入黄油和酱油搅匀。
3. 装盘，撒上黑胡椒碎即可。

■小贴士

如果使用氟树脂涂层的平底锅，锅容易被蛤蜊的外壳损坏。因此建议用不锈钢锅或铝制锅。

章鱼脆炒腌黄瓜

■材料（2人份）

章鱼足（煮熟）…… 200 g
黄瓜 …… 2 根
生姜 …… 1 块
裙带菜段（干的）…… 1 大勺
盐 …… 1/2 小勺
香油 …… 1/2 大勺
A ┌ 醋、味酥……各2 小勺
　└ 酱油 …… 1 小勺

■做法

1. 黄瓜纵向切成两半后再斜着切成 7 ~ 8mm 厚的片，装入保鲜袋中，撒上盐揉搓，黄瓜片变软后挤掉保鲜袋内的空气然后封口，放置 7 ~ 8 分钟后沥干水。章鱼足切成 7 ~ 8mm 厚的片。生姜切丝。
2. 平底锅中加入香油和姜丝，中火烧热，炒香后加入章鱼足片快速翻炒。依次加入黄瓜片、裙带菜段翻炒均匀，整体炒匀后加入材料 A，继续炒 2 分钟左右至裙带菜段变软即可。

■小贴士

挤掉保鲜袋内的空气是为了让盐更快地进入到黄瓜内。裙带菜可以不用泡发。

来自大海的馈赠——爽口的章鱼足搭配上清脆的腌黄瓜，口感十分美妙！

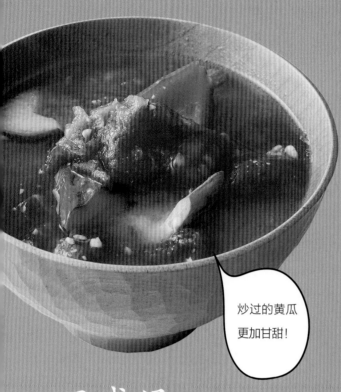

黄瓜西红柿味噌汤

■材料（2人份）

黄瓜…… 1根
西红柿…… 1个
香油…… 1/2 大勺
高汤…… 300 ml
味噌…… 1/3 大勺

■做法

1. 黄瓜纵向切成两半，用勺子把种子挖掉，斜着切成2～3cm厚的片。西红柿剁成大块。
2. 锅内加入香油，中火烧热，放入黄瓜片炒至变软。加入高汤煮沸，放入西红柿块。再次煮沸后再煮2分钟左右，放入味噌煮至化开即可。

> 炒过的黄瓜更加甘甜！

日式汤

木岛先生做的汤果然配菜很丰富！满满一碗，感觉汤都要溢出来了。

丰盛版

> 这道汤口感黏稠，只需一碗就可以唤醒你的体力！不需要用锅，非常简单。

秋葵薯蓣昆布汤

■材料（2人份）

秋葵…… 5根
A｜薯蓣昆布、干鲣鱼薄片…… 各3g
　｜酱油…… 2小勺

■做法

1. 秋葵洗净用保鲜膜包好，放在耐热容器中用微波炉加热1分钟左右。放至不烫手后切成2～3mm宽的薄片。
2. 碗中加入秋葵片和材料A，冲上300ml热水搅匀即可。

日式卷心菜炖香肠

配菜分量十足，以酱油和味酥调味即可。

■ 材料（2人份）

维也纳香肠 …… 4根
卷心菜 …… 1/8个
洋葱 …… 1/2个

A ┌ 酱油、味酥 …… 各1小勺
　└ 盐 …… 少许

■ 做法

1. 每根香肠上切三个口。卷心菜纵向对半切成半月形的片，然后在其外侧中间位置切个口，不要全部切断，只切最外侧几片叶子。洋葱切成四等份的半月形的片。
2. 锅内加入切好的香肠、卷心菜片、洋葱片和500ml水，中火煮沸，盖上锅盖转小火，煮7～8分钟后加入材料A调味即可。

萝卜梅子清汤

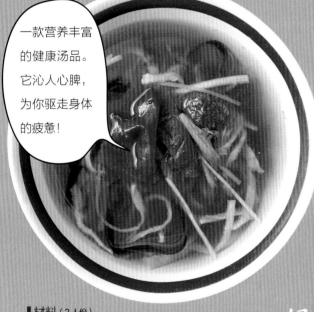

一款营养丰富的健康汤品。它沁人心脾，为你驱走身体的疲惫！

■ 材料（2人份）

萝卜干 …… 10g
海带（5cm见方）…… 1片
水菜 …… 1/8扎
梅子干 …… 2个
盐 …… 适量

■ 做法

1. 萝卜干切成3～4cm长的段，水菜用食物剪剪成4cm长的段。梅子干带核略微撕碎。海带切成5mm宽的条。
2. 锅内放入萝卜干、海带条、梅子干和350ml水，中火煮沸，转小火煮3分钟左右。加入水菜段，撒盐调味后快速煮一下即可。

绿紫苏金枪鱼冷汤

■ 材料（2人份）

金枪鱼（用油腌渍的）…… 1小罐（70g）
绿紫苏叶 …… 3片

A ┌ 味噌 …… $1\frac{1}{2}$大勺
　│ 白芝麻 …… 1大勺
　└ 干鲣鱼薄片 …… 3g

冰块 …… 适量

■ 做法

1. 捞出罐装金枪鱼中的鱼肉待用。绿紫苏叶切碎。
2. 碗内加入金枪鱼肉、绿紫苏叶碎和材料A混合均匀。
3. 装盘，加入250ml水和冰块搅拌均匀即可。

清爽的绿紫苏叶，使整道金枪鱼汤变得非常爽口。

推荐

蘑菇五花肉奶油汤

▋材料（2人份）

五花肉薄片 …… 100 g
洋葱 …… 1/4 个
金针菇 …… 1/2 袋
口蘑 …… 1/2 袋
色拉油 …… 1 小勺
蚝油、酱油 …… 各 1 小勺
牛奶 …… 400 ml
花椒粉 …… 少许

▋做法

1. 洋葱纵向切成 5mm 宽的片。金针菇对半切成段。口蘑切成小块。
2. 锅内加入色拉油，中火烧热后，加入五花肉片翻炒，五花肉片炒至变色后加入洋葱片翻炒均匀。洋葱片炒软后，加入金针菇段、口蘑块、蚝油、酱油快速翻炒。再加入牛奶，快要煮沸的时候关火。
3. 盛入碗中，撒上花椒粉即可。

其他类型的汤

丰盛版

从奶油系列汤到辣味汤，种类丰富，阵容强大。可以根据菜品自由选择搭配！

玉米豆角咖喱汤

▋材料（2人份）

玉米粒（罐装）…… 1 小罐（55 g）
豆角 …… 5 根
香油 …… 1/2 大勺
咖喱粉 …… 1 小勺

A　西式汤料（颗粒）、英国辣酱油 …… 各 1 小勺

▋做法

1. 捞出罐装玉米中的玉米粒待用。豆角切成 1cm 长的小段。
2. 锅内放入香油和咖喱粉，中火烧热，炒香后加入豆角段快速翻炒。加入玉米粒和 300ml 水、材料 A 煮沸，转小火煮 1 分钟左右即可。

中式豆腐芥菜汤

材料（2人份）

老豆腐 …… 200 g
腌芥菜 …… 30 g
香油 …… 1 大勺
A ┌ 水 …… 300 ml
　└ 酒 …… 1 大勺
白芝麻、盐 …… 各适量

做法

1. 在容器上铺上厨房专用纸，放上老豆腐，用叉子略微扎碎。腌芥菜切碎。
2. 锅内放入香油，中火烧热，放入老豆腐用木铲炒散。老豆腐炒干的时候加入腌芥菜碎快速翻炒，加入材料 A。煮沸后转小火煮 3 分钟左右，撒盐调味。
3. 盛入碗中，撒入白芝麻即可。

非常巧妙地突出了腌芥菜的风味。

推荐

黄瓜西班牙冷汤

材料（2人份）

黄瓜 …… 1 根
A ┌ 蔬菜汁（不加盐） …… 200 ml
　│ 水 …… 100 ml
　│ 大蒜（磨碎） …… 1/2 瓣
　│ 橄榄油 …… 1 大勺
　└ 盐 …… 1/3 小勺
橄榄油 …… 适量

做法

1. 黄瓜取 3cm 长的一段，再切成 5mm 见方的丁。剩下的磨碎。
2. 碗内放入磨碎的黄瓜和材料 A 混合均匀。
3. 盛入碗中，撒上黄瓜丁，浇上橄榄油即可。

蔬菜汁简单调味，放入冰箱冷藏一下也非常美味。

樱虾卷心菜条酸汤

材料（2人份）

卷心菜 …… 1/8 个
樱虾 …… 2 大勺
香油 …… 1/2 大勺
醋 …… 2 小勺

做法

1. 卷心菜切成 1cm 宽的条。
2. 锅内加入香油和樱虾，中火烧热，炒香后放入卷心菜条翻炒均匀。卷心菜条炒软后加入 350ml 水煮沸，转小火煮 3 分钟左右，加入醋调味即可。

这是一款中式汤。用樱虾熬制的汤非常好喝。

快手版

一道色彩鲜亮、
口感丰富的菜。
五花肉炒至香脆
是这道菜的关键。

玉米蒜薹炒五花肉

▌材料（2人份）

五花肉…… 150 g
玉米 …… 1根
蒜薹 …… 150 g
酱油 …… 1大勺

▌做法

1. 五花肉切成方便食用的薄片。玉米去掉皮和须用保鲜膜包好，放在耐热容器中用微波炉加热3分钟左右，用刀剔下玉米粒。蒜薹切成5cm长的段。

2. 平底锅用大火烧热，放入五花肉片炒制。五花肉片炒至酥脆后，加入玉米粒和蒜薹段快速翻炒均匀，沿锅边转着圈淋上酱油。炒香后关火即可。

向烹饪的最短时间发起挑战！只需10分钟就可以搞定。主菜是炒菜，只需快炒一下就行。近藤小姐说，食材调味很容易千篇一律，但如果将食材进行不同的搭配，再稍微加点调料，就可以做出各种各样的美食啦。她还说，觉得累的时候，就应该多用一下微波炉和柴鱼素。虽说听起来有点像偷工减料，但无论对家庭还是对自己而言，不要过度劳累才是最重要的。

美食 /
近藤幸子 小姐

美食研究家、营养师。出生于宫城县。曾作过烹饪学校老师、美食研究家助手等职业，后独立工作。主持人气料理教室"美味周末"。喜欢简单却爽口的美食，坚持在养育孩子的每一天里探寻那些不需要过分努力的小诀窍。著有《反复煮才好吃的美食》（主妇与生活社出版）等书籍。

梅子味噌青椒炒肉

▌材料（2人份）

猪肉片 …… 150 g
大蒜 …… 1/2 瓣
青椒 …… 3 个

A ┌ 梅子干（大）…… 1 个
  │ 酒 …… 1 大勺
  └ 味噌、味酥 …… 各 1/2 大勺

色拉油 …… 1/2 大勺

▌做法

1. 大蒜切成薄片。青椒剁成方便食用的片。
2. 梅子干去核后撕碎，与材料A中的其他调料混合均匀。
3. 平底锅中加入色拉油，大火烧热，放入猪肉片和大蒜片翻炒。猪肉片炒至变色后加入青椒片和混合好的材料A，翻炒30秒左右即可。

梅子干酸酸的味道会使整道菜很爽口。青椒只需要稍微炒一下，保留它原本清脆的口感就好。

鸡蛋炒至松软即可。大葱要切成大段以凸显其存在感。

猪肉炒鸡蛋

▌材料（2人份）

猪肉片 …… 150 g

大蒜 …… 1/2 瓣

大葱 …… 1/2 根

鸡蛋 …… 1 个

盐 …… 1/3 小勺

胡椒粉 …… 少许

色拉油 …… 1/2 大勺

酱油 …… 1 小勺

▌做法

1. 猪肉片撒上盐和胡椒粉腌一下。大蒜切薄片。大葱切成 1cm 长的段。鸡蛋打散。

2. 平底锅中加入色拉油，大火烧热，放入猪肉片和大蒜片翻炒。猪肉片炒至变色后，加入大葱段快速翻炒均匀，沿锅边转着圈淋入酱油。炒香后加入打散的鸡蛋液，翻炒均匀即可。

日本姜炒肉 推荐

▎材料（2人份）

猪肉片 …… 200 g
生姜 …… 1/2 块
日本姜 …… 6 块
盐 …… 1/4 小勺
色拉油 …… 1/2 大勺
酱油 …… 2 小勺

▎做法

1. 猪肉片撒上盐。生姜切薄片。日本姜切成四等份。
2. 平底锅中加入色拉油，大火烧热，放入猪肉片和生姜片翻炒。猪肉片炒至变色后，加入日本姜块翻炒均匀。日本姜块稍微变软后沿锅边转着圈淋入酱油，继续炒30秒左右炒出香味即可。

▎小贴士

红色的日本姜炒至颜色变浅后吃起来就不辣了。

非常大胆地使用了日本姜作为食材！炒过的日本姜会有一种独特的甘甜口感，非常好吃。

卤肉饭

▎材料（2人份）

五花肉 …… 200 g	A	水 …… 3 大勺
鸡蛋 …… 1 个		酱油 …… 2 大勺
大葱 …… 1 根		味醂 …… 1 1/2 大勺
大蒜 …… 1/2 瓣		五香粉（选用）
香菇 …… 3 个		…… 1/4 小勺
香菜 …… 适量		
米饭 …… 适量		

▎做法

1. 锅内加热水煮沸，放入鸡蛋（冷藏的）煮8分钟左右，取出泡在水中剥壳，切成两半。
2. 五花肉切成3cm长的薄片。大葱纵向切成两半后再切成3cm长的段。大蒜和香菇切成薄片。香菜切成大段。
3. 平底锅大火烧热，放入五花肉片、大葱段和大蒜片翻炒。五花肉片稍微变色后，加入香菇片和材料A，煮开后转中火煮1分钟左右。
4. 碗内盛入米饭，盖上炒好的食材，配上半个鸡蛋和香菜即可。剩下的半个鸡蛋可食用也可留作他用。

只需要简单煮一下，就是这个味！可以放在米饭上吃也可以直接当菜吃。

快手版

焖一下会更容易熟！豆瓣酱和罗勒叶的搭配使这道菜更加鲜美。

鸡胸肉焖茄子

▌材料（2 人份）

鸡胸肉（去皮）…… 180 g

茄子 …… 2 个

大蒜 …… 1/2 瓣

罗勒叶 …… 8 ～ 10 片

A ┌ 豆瓣酱、土豆淀粉 …… 各 1/2 小勺
  └ 盐 ……1/4 小勺

B ┌ 酒、酱油 …… 各 1 大勺
  └ 砂糖 …… 2 小勺

▌做法

1. 鸡胸肉切成方便食用的片，加入材料 A 裹匀。茄子纵向切成两半后再斜着切成 1cm 厚的片。大蒜切成薄片。

2. 平底锅中加入切好的鸡胸肉片和茄子片，加入材料 B，盖上锅盖，中大火加热，焖 3 分钟左右，焖制期间偶尔整体翻动一下。罗勒叶撕成大块放入锅内，翻炒均匀即可。

用微波炉做出专业的味道！加入调好的酱汁是味美的关键。

姜汁微波蒸鸡 推荐

▋材料（2人份）

鸡胸肉（去皮）……180 g
黄瓜、西红柿、香菜 …… 各适量
盐、砂糖 …… 各 1/4 小勺
土豆淀粉 …… 1/2 小勺
酒 …… 1 大勺

A ┃ 生姜（磨碎）…… 2 块
　 ┃ 大蒜（磨碎）…… 1 瓣
　 ┃ 香油 …… 1 大勺
　 ┃ 盐、砂糖 …… 各 1/3 小勺

▋做法

1. 鸡胸肉从较厚的地方切开，切成相同厚度的两块，撒上盐和砂糖，裹上土豆淀粉，放在耐热容器中淋上酒。放软后包上保鲜膜用微波炉加热 3.5 分钟左右，然后放置 5 分钟左右，再切成方便食用的肉片。
2. 黄瓜斜着切成薄片。西红柿切成半月形块。香菜切成大段。
3. 小锅内加入材料 A，小火烧热，烧开后煮 1 分钟左右。
4. 鸡肉、黄瓜、西红柿和香菜一起装盘，配上第三步的料汁即可。

▋小贴士

料汁可以多做一些，搭配炒肉等也非常好吃。放在冰箱内可保存一周左右。要尽可能地使用新鲜生姜哦。

嫩煎鸡胸肉

材料（2人份）

鸡胸肉（去皮）…… 180 g
鸡蛋 …… 2 个
绿紫苏、白萝卜泥 …… 各适量
盐 ……1/3 小勺
色拉油 …… 1 大勺
酱油 …… 适量

做法

1. 鸡胸肉切薄片，撒上盐。碗内打入鸡蛋并打散。
2. 使用直径 20cm 的平底锅，锅内加入 1/2 大勺色拉油，中大火烧热，放入鸡胸肉片炒制。鸡胸肉片炒熟后，马上倒入盛鸡蛋液的碗中。
3. 平底锅中加 1/2 大勺色拉油，中火烧热，倒入加了鸡肉的蛋液，两面煎至上色。切成方便食用的片。
4. 装盘，配上绿紫苏和白萝卜泥。白萝卜泥上淋上酱油即可。

嫩煎鸡胸肉，其实就是把鸡肉和鸡蛋液一起倒入锅内煎而已，超简单！

快手版

材料（2人份）

鸡腿（带皮）…… 1根（约280 g）
西葫芦 …… 1根
大蒜 …… 1瓣
半月形柠檬块、意大利香芹 …… 各适量
盐 ……2/3 小勺
橄榄油 …… 1/2 大勺
法国芥末 …… 适量

做法

1. 鸡腿切成两半，撒上盐。西葫芦纵向切成两半后再横向切成两段。大蒜捣成泥。
2. 平底锅中加入橄榄油，中大火烧热。将鸡腿皮朝下放入锅内，西葫芦块切面朝下平铺在锅内空的地方。在鸡腿肉上面放个锅或者其他东西压一下（图a），煎 3 ~ 4 分钟。取下压肉的物体，将鸡肉和西葫芦翻面，加入蒜泥煎 2 分钟左右。
3. 装盘，配上柠檬块、意大利香芹和法国芥末即可。

小贴士

压鸡腿最好用 500 g 左右的物件。如果锅比较轻，可以在锅里加点水。

香煎西葫芦鸡腿肉

用锅等重物压着煎出来的鸡腿，鸡皮特别酥脆。这是用最短时间做出最好吃的鸡肉的诀窍。

小茴香的味道很特别。鸡皮酥脆，鸡肉汁多肉嫩。

秋葵煨鸡腿肉 推荐

材料（2人份）

鸡腿 …… 1根（约280g）
大蒜 …… 1瓣
秋葵 …… 10根
酱油、盐、小茴香 …… 各1/2小勺
橄榄油 …… 1/2大勺
白葡萄酒 …… 1大勺

做法

1. 将鸡腿上的肉切下，再切成四等份，撒上盐和小茴香。大蒜纵向切成两半。秋葵斜向切成两半。
2. 平底锅中加入橄榄油，大火烧热，加入大蒜片，再将鸡腿肉带皮一面朝下放入锅内煎制。鸡肉着色后翻面，加入秋葵段、白葡萄酒、酱油盖上锅盖，中大火焖3分钟左右即可。

将油炸豆腐做成印度风味的菜，别有一番情调呢！

酸奶烤鸡肉豆腐

材料（2人份）

鸡胸肉 …… 150 g
油炸豆腐（或老豆腐）…… 100 g
薄荷叶 …… 适量

A ┌ 纯酸奶（无糖）…… 100 g
  │ 生姜（磨碎）…… 1/2 块
  │ 大蒜（磨碎）…… 1/2 瓣
  │ 咖喱粉、番茄酱 …… 各 1 大勺
  │ 辣椒粉 …… 2 小勺
  │ 柠檬汁 …… 1 小勺
  └ 盐 …… 适量

做法

1. 鸡胸肉去筋，斜着切成 6 条，再切成方便食用的条。油炸豆腐切成 1cm 厚的片。
2. 碗内加入材料 A 混合均匀，放入鸡胸肉条和油炸豆腐片裹匀。
3. 烤盘铺上烤箱专用的硅胶垫，摆上第二步中准备好的鸡胸肉条和油炸豆腐片，放入 220℃ 预热后的烤箱内烤 8 ~ 10 分钟。
4. 装盘，配上薄荷叶即可。

小贴士

裹上料汁烤出来的菜品会特别入味，鸡胸肉也会特别嫩。

快手版

材料（2人份）

鸡胸肉 …… 150 g
黄瓜 …… 1/2 根
杂豆（熟的、真空包装）…… 50 g

A ┌ 酒 …… 1 大勺
  │ 土豆淀粉 …… 1/2 小勺
  └ 盐、砂糖 …… 各 1/4 小勺

B ┌ 芥末粒 …… 2 小勺
  └ 蜂蜜、柠檬汁 …… 各 1/2 小勺

做法

1. 鸡胸肉去筋，切成 1cm 见方的块。将鸡胸肉块和材料 A 放入耐热容器中混合均匀，放软后包上保鲜膜用微波炉加热 2 分钟左右，放凉。
2. 黄瓜切成 1cm 厚的银杏叶状的块。
3. 将材料 B 加入鸡胸肉块中，和黄瓜块、杂豆一起拌匀即可。

小贴士

鸡胸肉腌好后裹上土豆淀粉，这样能锁住鸡肉中的水，加热后比较鲜嫩。

蜂蜜芥末拌鸡肉杂豆

鸡胸肉用微波炉加热一下，然后把所有食材拌匀即可，就这么简单。一道健康的沙拉主菜就完成了！

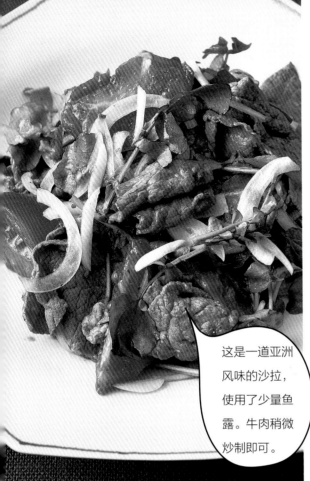

水芹牛肉沙拉

▍材料（2人份）

牛肉片 …… 150 g
大蒜 …… 1/2 瓣
水芹 …… 1 扎
西红柿 …… 1 个
洋葱 …… 1/4 个

A ┌ 鱼露 …… 2 小勺
  │ 柠檬汁 …… 1 小勺
  └ 砂糖 …… 1/2 小勺

色拉油 …… 1/2 小勺

▍做法

1. 大蒜切成薄片。水芹切成方便食用的长段。西红柿切成八等份的半月形块。洋葱竖着切成长条。
2. 碗内加入材料 A 混合均匀。
3. 平底锅中加入色拉油，中火烧热，放入牛肉片和大蒜片翻炒。牛肉片炒至变色后，盛入第二步的料碗中放置 5 分钟左右，再加入水芹段、西红柿块和洋葱条拌匀即可。

这是一道亚洲风味的沙拉，使用了少量鱼露。牛肉稍微炒制即可。

泰式罗勒豆角炒牛肉

▍材料（2人份）

牛肉片 …… 150 g
豆角 …… 6 根
红彩椒 …… 1/2 个
大蒜 …… 1/2 瓣
罗勒叶 …… 8 ~ 10 片

米饭 …… 适量
鸡蛋 …… 2 个
蚝油 …… 1/2 大勺
酱油、鱼露、砂糖
…… 各 1 小勺

▍做法

1. 牛肉片中加入蚝油、酱油、鱼露和砂糖拌匀腌制。豆角切成 2cm 长的段。红彩椒切成 2cm 见方的片。大蒜切成薄片。
2. 平底锅中加入腌好的牛肉片、豆角段、红彩椒片和大蒜片盖上锅盖，中大火加热，焖 3 分钟左右，偶尔整体翻动一下。罗勒叶子撕成大块放入锅内，翻炒一下。
3. 将米饭和第二步中炒好的菜一起装盘。
4. 另取一个平底锅，大火烧热，将鸡蛋挨个打入锅内煎制。煎至蛋白凝固，蛋黄到自己喜欢的火候后盛出，放在第三步的盘中即可。

推荐

人气泰式料理，罗勒风味菜。焖一下就熟了。

47

不需要一个一个地捏成型，直接铺满平底锅煎制一次即可，省时省力！

快手版

巨无霸肉饼 推荐

材料（2 人份）

A ┌ 牛肉和猪肉混合的绞肉末 …… 250 g
  │ 洋葱（切碎）…… 1/2 个
  │ 大蒜（切碎）…… 1/2 瓣
  │ 面包糠 …… 20 g
  └ 盐 …… 1/2 小勺

B ┌ 西红柿（切成半月形）…… 1 个
  │ 番茄酱 …… 2 大勺
  └ 盐 …… 1/4 小勺

意大利香芹 …… 适量

做法

1. 碗内加入材料 A，搅拌至有黏性。

2. 使用直径 26cm 的平底锅，倒入第一步中拌好的肉末，推开抹平至 1cm 厚。中大火加热，盖上锅盖煎 3 分钟左右，翻面再煎 2 分钟左右。用锅铲切成方便食用的块，装盘。

3. 用厨房纸把第二步的平底锅擦干，中大火烧热，放入材料 B 煮 2 分钟左右，盛出放在肉饼块旁边。最后放上意大利香芹装饰一下即可。

日式肉饼

■材料（2人份）

A 鸡肉末、猪肉末 …… 各 100 g
  鸡蛋 …… 1 个
  面包糠 …… 20 g
  味噌 …… 1$\frac{1}{2}$ 大勺
  砂糖 …… 2 小勺
去皮毛豆（冷冻）、玉米粒（罐装）
  …… 各 2 大勺

■做法

1. 毛豆用流水解冻。玉米粒去掉罐内汤汁。
2. 碗中加入材料 A，搅拌至有黏性。
3. 烤盘上铺上烤箱用硅胶垫，倒入第二步拌好的肉馅。推成 1cm 左右厚的椭圆形，表面刮平。将毛豆和玉米粒全部撒在上面，用手按一下。放入 220°C 预热好的烤箱中烤 8 分钟左右即可。

■小贴士

1. 用电烤炉大火烤也可以。烤至表面快要焦脆时盖上锡纸。
2. 上面搭配的蔬菜可以根据个人喜好调整，比如蘑菇和根菜类蔬菜也很适合。

一份大的肉饼，给人的满足感是直线上升的！再搭配上当季的蔬菜，美味不容错过。

即使是质量稍差一点儿的金枪鱼刺身肉，将表面煎一下那也是一道美食！煎至中间半熟是本道菜的关键。

金枪鱼排

▌材料（2 人份）

金枪鱼（刺身用、红鱼肉、切开）…… 200 g
紫洋葱 …… 1/2 个
芽菜（选用）…… 适量

A ┌ 生姜碎 …… 1 小勺
　│ 米醋 …… 1 大勺
　│ 砂糖 …… 2 小勺
　│ 酱油 …… 1/2 大勺
　└ 香油 …… 1 小勺

色拉油 …… 1/2 大勺

▌做法

1. 紫洋葱竖着切成薄条。碗内加入材料 A，混合均匀，再加入洋葱条腌 5 分钟左右。
2. 平底锅中加入色拉油，中火烧热，放入金枪鱼煎制，每隔 10 秒翻一次面。金枪鱼上色后切成 1cm 厚的肉块。
3. 装盘，配上腌好的洋葱，如果有芽菜的话也一起放上即可。

快手版

章鱼足炖土豆

▌材料（2 人份）

章鱼足（煮熟）…… 200 g
土豆 …… 2 个
红彩椒、洋葱 …… 各 1/2 个

A ┌ 水 …… 100 ml
　│ 大蒜（切薄片）…… 1 瓣
　│ 月桂叶 …… 1 片
　│ 白葡萄酒 …… 2 大勺
　└ 盐 …… 1/2 小勺

橄榄油 …… 1 大勺

▌做法

1. 章鱼足用擀面杖等工具仔细敲打至松软，切成 2cm 长的段。土豆切成 7mm 厚的银杏叶状的块，快速过水并沥干。红彩椒切成薄片。洋葱竖着切成薄片。
2. 锅内放入切好的章鱼足、土豆块、红彩椒片、洋葱片和材料 A 盖上锅盖，中火加热煮 7 ~ 8 分钟，煮制期间偶尔整体搅拌一下，最后沿锅边转圈淋入橄榄油即可。

章鱼足敲打后再煮可大大缩短烹饪的时间！而且口感也更加松软。

香味芝士烤鲑鱼蘑菇

■材料（2人份）

新鲜鲑鱼块 …… 2 块
杏鲍菇 …… 1 袋
丛生口蘑 …… 1/2 袋
做比萨用的芝士 …… 30 g
意大利香芹碎 …… 适量
蒜末 …… 1/2 小勺
盐 …… 1/3 小勺
小茴香（或咖喱粉）…… 1/2 小勺
盐 …… 少许

■做法

1. 鲑鱼切两半，滚上蒜末和盐腌一会儿。杏鲍菇用手竖着撕成条。口蘑切成小块。
2. 烤盘上铺上烤箱用的硅胶垫，摆上鲑鱼块，撒上芝士以及小茴香（或咖喱粉）。杏鲍菇条和口蘑块摆在空的地方，撒上盐。放入220℃预热好的烤箱中烤 6 分钟左右。
3. 装盘，把意大利香芹碎撒在鲑鱼上即可。

■小贴士

1. 也可以用旗鱼或鸡胸肉等代替鲑鱼。
2. 也可以用电烤箱的大火烤制。烤至表面快要焦脆的时候盖上铝箔。

一道香味四溢的烤箱美食。鲑鱼可以用其他各种鱼代替，杏鲍菇等配菜也可以随意选择。

鱼糕炒黄瓜

■材料（2人份）

鱼糕 …… 150g
大蒜 …… 1 瓣
盐 …… 1/2 小勺
色拉油 …… 1 大勺
花椒 …… 1 小勺
酒 …… 2 小勺
酱油 …… 1 小勺
黄瓜 …… 3 根
红尖椒 …… 1 根

■做法

1. 鱼糕切成 5mm 宽的条。黄瓜竖着切成两半后用汤勺去瓤，再切成 5cm 长的段，撒上盐腌 5 分钟左右，沥干水。大蒜切碎。
2. 平底锅中加入 1/2 大勺色拉油，大火烧热，放入黄瓜段快速翻炒后盛出。
3. 平底锅中再次加入 1/2 大勺色拉油，中大火烧热，放入鱼糕条、大蒜碎、红尖椒和花椒翻炒。鱼糕条稍稍上色后再次倒入黄瓜段，加入酒和酱油快速翻炒均匀即可。

■小贴士

没有花椒的话最后撒点花椒粉也可以。

一道以鱼糕为主角的美食！微辣的口味与炒黄瓜简直是绝配。

推荐

炒茄子芝麻味噌汤

材料（2人份）

茄子（小个）…… 2 个
绿紫苏叶 …… 5 片
香油 …… 1/2 大勺
高汤 …… 300 ml
味噌、白芝麻 …… 各 1 大勺

做法

1. 茄子切成 5mm 厚的圆片。绿紫苏叶切成丝。
2. 锅内放入香油和茄子片，中大火烧热翻炒。茄子片炒软后加入高汤煮沸，再加入味噌煮至化开，再煮沸。
3. 盛入碗中，配上绿紫苏叶，撒上白芝麻即可。

> 茄子吸足了浓浓的香油味，每一口都让人满足！

日式汤

加点儿肉和鸡蛋，或者加点儿炒蔬菜，味噌汤马上变身成一道靓汤！

快手版

猪肉南瓜味噌汤

材料（2人份）

猪肉片 …… 50 g
南瓜 …… 100 g
细葱 …… 适量
高汤 …… 400 ml
味噌 …… $1\frac{1}{2}$ 大勺

做法

1. 南瓜全部去皮，切成 2cm 见方的块。细葱切成小葱圈。
2. 锅内放入南瓜块和高汤中火煮沸，加入猪肉片煮 3 ~ 4 分钟。南瓜块变软后加入味噌煮至化开，再煮沸。
3. 盛入碗中，撒上葱圈即可。

> 南瓜的味道在汤里得到了完美释放！

温泉蛋卷心菜味噌汤

材料（2人份）

温泉鸡蛋 …… 2个
卷心菜 …… 1片
高汤 …… 300 ml
味噌 …… 1大勺

做法

1. 卷心菜切成2cm见方的片。
2. 锅内加入高汤中火煮沸，放入卷心菜片煮一下。再加入味噌煮至化开，再煮沸。
3. 盛入碗中，加入温泉鸡蛋即可。

五花肉生菜味噌汤

满满的生菜，非常健康。

材料（2人份）

五花肉 …… 100 g
生菜 …… 1/4 个
高汤 …… 300 ml
味噌 …… 1大勺

做法

1. 五花肉切成方便食用的片。生菜撕成大片。
2. 中大火烧热锅，放入五花肉片炒制。五花肉片稍稍变色后加入高汤煮沸，放入生菜片。再加入味噌煮至化开，再煮沸即可。

油渣汤

推荐

材料（2人份）

裙带菜片（干燥） …… 2g
油渣 …… 3 大勺
A 「 高汤（凉的）…… 300 ml
    酱油 …… 2 小勺
  └ 砂糖 ……1/3 小勺

做法

1. 裙带菜片放入水中泡5分钟左右，捞出挤干水。将材料A混合均匀。
2. 将混合好的材料A盛入碗中，放入裙带菜片和油渣即可。

小贴士

也可以用300ml的冷沾面酱汁（现成的）代替材料A的汤汁。

一道非常适合消暑的汤！油渣会提升整道汤的味道。

用番茄汁做，超简单！

蛤蜊土豆番茄汤

▌材料（2人份）

蛤蜊（吐净沙子）…… 80 g
土豆 …… 1个（约100 g）
意大利香芹段 …… 适量

A ┌ 番茄汁（无盐）…… 300 ml
　├ 西式汤料包（固体）…… 1个
　└ 砂糖 …… 2 小勺

▌做法

1. 土豆切成1cm见方的块快速过水，沥干水后放入耐热容器中，裹上保鲜膜用微波炉加热2分钟左右。
2. 锅内加入材料A，中小火煮沸，加入蛤蜊和土豆块煮5分钟左右，煮制期间不时地去一下浮沫。
3. 盛入碗中，点缀上意大利香芹段即可。

其他类型的汤

快手版

　　想要搭配西餐、中餐或其他风味菜的话看这里！这里有豆腐和海鲜的绝妙搭配。

咖喱鸡肉汤

▌材料（2人份）

鸡腿 …… 1/2 个（约140 g）
洋葱 …… 1/2 个
芜菁 …… 2 个
嫩玉米 …… 10 根
意大利香芹碎 …… 适量
盐 …… 1/6 小勺
色拉油 …… 1/2 大勺

A ┌ 高汤 …… 400 ml
　└ 酱油、味醂 …… 各 1 大勺

咖喱粉 …… 1/2 小勺
胡椒粉 …… 适量

▌做法

1. 将鸡腿上的肉切下，再切成六等份，撒上盐腌制。洋葱切成1.5cm见方的片。芜菁切成六等份的半月形块。
2. 锅内加入色拉油，中火烧热，加入鸡腿肉片、洋葱片、芜菁块和嫩玉米快速翻炒。鸡肉炒至变色后加入材料A煮沸，去浮沫后再煮5分钟左右。
3. 盛入碗中撒上咖喱粉和胡椒粉，最后撒上意大利香芹碎即可。

▌小贴士

嫩玉米可以用罐装的也可以用真空包装的。

不是太饿的时候来一碗咖喱鸡肉汤，又暖胃又舒服！

芜菁海米碎豆腐汤

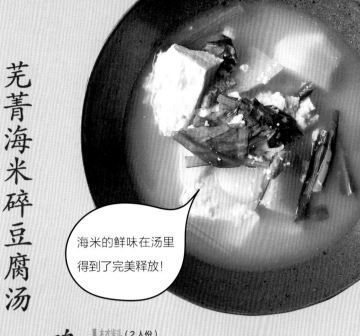

> 海米的鲜味在汤里得到了完美释放！

材料（2人份）

芜菁 …… 2个
芜菁叶子 …… 适量
海米 …… 1小勺
老豆腐 …… 150 g

做法

1. 将每个芜菁都切成六等份的半月形块。芜菁叶子切成大片。
2. 锅内加入300ml水和海米，中火煮沸，加入芜菁继续煮。芜菁变软后加入芜菁叶子。老豆腐掰成方便食用的块放入锅内，煮沸后再煮一会儿即可。

鸡蛋羹汤

推荐

> 鸡蛋羹带有特别的风味和口感。

材料（2人份）

鸡蛋羹 …… 3个鸡蛋的量
香芹茎 …… 1/2 根
香芹叶子 …… 适量
鱼露 …… 1小勺
胡椒粉（选用） …… 少许

做法

1. 鸡蛋羹切成2cm见方的块。香芹茎横着切成5mm长的小段。香芹叶子切成段。
2. 锅内加入300ml水中火烧热，沸腾后加入香芹茎段、香芹叶子段、鱼露，煮沸后再煮一会儿，加入鸡蛋羹。
3. 盛入碗中，根据个人喜好撒上胡椒粉即可。

小贴士

没有鸡蛋羹的话可以用嫩豆腐代替。

海藻西红柿冷汤

> 一道冷汤，跟一些风味菜搭配，效果特别好。

材料（2人份）

海藻（已入味的） …… 2袋（约140 g）
西红柿 …… 1/2 个
日本姜 …… 1块
高汤（凉的） …… 100 ml
盐 …… 少许

做法

1. 西红柿切成六等份的半月形块。日本姜切丝。
2. 碗内加入海藻、高汤和盐混合均匀。
3. 盛入碗中，加入西红柿块，配上姜丝即可。

清爽版

柠檬的清香和
生姜搭配在一
起非常清爽！
香菜也好吃到
停不下来！

柠檬姜汁炒肉

材料（2人份）

五花肉……250 g
洋葱……1/2个
香菜……1扎

A ┌生姜（切碎）……1块
　│酱油……2大勺
　│酒……$1\frac{1}{2}$大勺
　└柠檬汁、味醂……各1大勺

柠檬汁、色拉油……各1大勺

做法

1. 五花肉切成方便食用的薄片。洋葱竖着切薄片。碗内加入材料A混合均匀，再放入五花肉片和洋葱片腌10分钟左右。
2. 香菜茎切碎，香菜叶子撕成大段。
3. 平底锅中加入色拉油，中火烧热，五花肉片和洋葱片连带腌料一起倒入锅内翻炒。炒至五花肉变色、汤汁收完后加入香菜茎翻炒均匀，加入柠檬汁搅拌均匀。
4. 装盘，撒上香菜叶子即可。

小贴士

猪肉和洋葱用调味料腌好入味后，只需炒一下就好了。味道非常到位。

充分利用了老陈醋和柠檬汁等调料，制作出一款款清爽却又非常有滋味的美食。即使没有食欲的时候，它们也能抓住你的胃！角田小姐说，老陈醋和柠檬汁加热之后，会别有一番风味。调味的时候，若调得太咸，加入酸味调料可以冲淡菜的咸味，再搭配一些带叶蔬菜等食材会更健康。荤素搭配，建议使用的猪肉是五花肉，不过也可以选择脂肪较少的后肘肉。

美食 /
角田真秀 小姐

美食研究家。父母在东京九段下地铁站附近从事饮食行业。在这种环境下长大的角田真秀先后在销售行业、咖啡店工作，并在自家店铺学习，而后与丈夫一起创办了美食店"SUMIYA"（店名）。还经营着可以承办宴会活动的分店、料理教室等。同时在杂志和美食书界也非常活跃，著有《只用基础调料完成的每日菜单》等书。

涮肉片沙拉

▌材料（2人份）

猪腿肉薄片 …… 250 g
菠菜 …… 1扎
油菜花（或芝麻菜）…… 适量
圣女果（红色的和黄色的）…… 共5～6个
盐 …… 1大勺
酒 …… 2大勺
橄榄油 …… 1大勺
酱油 …… 适量

▌做法

1. 锅内放入足量的热水煮沸，加入1/2大勺盐，放入菠菜和油菜花快速焯一下，用笊篱捞出放凉，挤干水后切成方便食用的长度。在剩下的热水中加入酒，放入肉片煮。肉片变色后，用笊篱捞出放凉，切成方便食用的片。圣女果纵向切两半。
2. 碗内加入涮好的肉片、菠菜和油菜花拌匀，加入橄榄油和1/2大勺盐。再放上圣女果拌匀，最后用酱油调味即可。

▌小贴士

如果用芝麻菜的话，不用焯，直接使用即可。

用一口锅就可以搞定的美食沙拉。所有食材只需要涮一下就行，所以特别省时！

圣女果和醋的酸味令整道菜非常爽口。土豆不需要提前焯，焖一下就很容易熟。

醋焖肉片土豆圣女果

▌材料

猪肩颈肉…… 250 g
大蒜 …… 1/2 瓣
土豆 …… 2 个
圣女果 …… 5 ~ 6 个
橄榄油 …… 1 大勺
酒 …… 2 大勺
酱油 …… $1\frac{1}{2}$ 大勺
陈醋 …… 1 大勺

▌做法

1. 猪肩颈肉切成 4cm 长的条。大蒜切成薄片。土豆切成 5mm 厚的圆片。
2. 平底锅中加入橄榄油和大蒜片，中小火加热，炒香后放入土豆片翻炒一下，再加入猪肉条，转中火翻炒炒均匀，淋上酒。盖上锅盖焖，偶尔翻动一下。
3. 全部焖熟后，加入酱油炒匀。再放入圣女果轻轻翻炒，沿锅边转圈淋入陈醋快速翻炒均匀即可。

▌小贴士

1. 如果觉得大蒜切片比较费事，可以用蒜臼等工具把大蒜捣碎。
2. 土豆切好马上炒的话，也可以不用过水。

黑椒黄瓜舞茸炒肉片

▌材料（2人份）

猪肉片 …… 250 g
黄瓜 …… 1根
舞茸 …… 1/2 袋
色拉油 …… 1 大勺
酒 …… 2 大勺
酱油 …… 2 大勺
黑胡椒碎 …… 适量

▌做法

1. 黄瓜用菜刀等工具拍裂，然后切成方便食用的块。舞茸撕成小块。
2. 平底锅中加入色拉油，中火烧热，放入猪肉片炒一下，淋上酒。猪肉片变色后，加入黄瓜块转大火翻炒均匀，再放入舞茸块炒匀。加入酱油快速翻炒，最后撒上黑胡椒碎即可。

▌小贴士

同时用两个不同品牌的酱油，会使这道菜的口感更加丰富。

> 适当多加点胡椒碎会更好吃！把不同口感的食材组合在一起，居然做成了一道奇妙的美食呢！

味噌咖喱夏季蔬菜炖肉

> 由于加入了味噌和香草茶，所以只需稍微炖一下就非常好吃。

▌材料（2人份）

五花肉薄片 … 250 g	盐 … 适量
大蒜 … 1瓣	面粉 … 1 大勺
洋葱 … 1/2 个	橄榄油 … 1 大勺
西葫芦 … 1/2 根	酱油 … 1 大勺
茄子 … 1个	咖喱粉 … 2 大勺
苦瓜 … 1/3 根	香草汁 … 250 ml
米饭 … 适量	味噌 … 2 大勺

▌做法

1. 五花肉片切成 4 ~ 5cm 长的条，依次加入盐和面粉裹匀。大蒜切成薄片。洋葱纵向切成薄片。西葫芦和茄子都切成 8mm 厚的圆片。苦瓜纵向切两半后再横着切成 5mm 厚的片。
2. 平底锅中加入橄榄油和大蒜片，小火加热，炒香后加入洋葱片，转中火翻炒。洋葱炒至变色后，加入酱油快速炒匀，再加入 100ml 水煮 3 分钟左右。依次加入西葫芦片和苦瓜片炒匀，再依次加入五花肉条、茄子片和咖喱粉炒匀。
3. 香草汁内加入味噌，泡至化开，将其倒入第二步的锅中，盖上锅盖，炖 5 分钟左右。
4. 米饭装盘，放上第三步做好的菜即可。

▌小贴士

这里使用的香草汁是用肉桂、肉蔻和姜等材料制作的混合汁。使用带辣味的调料不仅能提升整道菜的风味，同时也可以缩短烹饪时间。

硬硬的面包块炒制后，吸足了汤汁，味道好极了！不用米饭，这道菜本身就是一盘带主食的菜。

清爽版

推荐

鸡腿肉香芹圣女果炒面包块

▌材料（2人份）

鸡腿 …… 1根（约300g）
大蒜 …… 1/2 瓣
香芹 …… 1根
圣女果（红色的和黄色的）
…… 共5～6个
面包（最好选硬面包）…… 70g
盐 …… 1/2 小勺
橄榄油 …… $1\frac{1}{2}$ 大勺
白葡萄酒 …… 2 大勺
白葡萄酒醋 …… 2 大勺

▌做法

1. 取下鸡腿上的肉，切成方便食用的块，撒上盐腌制。大蒜切成薄片。香芹斜着切成1cm厚的片。
2. 平底锅中加入橄榄油和大蒜片，小火加热，炒香后加入香芹片翻炒。放入鸡肉块，用中火翻炒均匀，鸡肉块炒至变色后淋上白葡萄酒，盖上锅盖，焖3分钟左右。
3. 依次加入白葡萄酒醋、圣女果翻炒，面包掰成方便食用的块，放入锅内，翻炒均匀至面包吸足汤汁即可。

▌小贴士

可以用醋和柠檬汁（或只用醋）代替白葡萄酒醋。

腌制入味的鸡肉用烤鱼夹夹着烤至焦脆，再搭配上满满的蔬菜，美味十足。一起享用美食吧！

黑芝麻烤鸡肉

材料（2人份）

鸡腿 …… 1根（约300 g）

水菜、圣女果（红色的和黄色的）…… 各适量

A ┌ 大蒜（磨碎）…… 1瓣
　　├ 酱油 …… 2大勺
　　├ 酒、砂糖 …… 各1大勺
　　└ 米醋 …… 1/2大勺

黑芝麻 …… $2\frac{1}{2}$ 大勺

做法

1. 鸡腿肉切成方便食用的块。碗内加入材料 A 混合均匀，放入鸡腿肉腌10分钟左右。水菜切成方便食用的段。圣女果纵向切成两半。

2. 用烤鱼夹夹着鸡腿肉放在中火上烤热，直至鸡腿肉整体上色。另取一个碗，放入烤好的鸡腿肉，趁热撒上2大勺黑芝麻拌匀。

3. 将水菜段和圣女果装盘，摆好，将第二步中做好的鸡肉块放在上面，最后撒上1/2大勺黑芝麻即可。

小贴士

鸡肉可以早上腌、晚上烤。这样会更入味、更好吃。

南方风味鸡

材料（2人份）

鸡胸肉（带皮）…… 300 g
喜欢的带叶蔬菜 …… 适量
土豆淀粉 …… 适量
食用油 …… 适量

A ┌ 酱油 …… 1大勺
  │ 酒、米醋 …… 各2小勺
  └ 砂糖、香油 …… 各1小勺

B ┌ 煮鸡蛋（切碎）…… 1个
  │ 泡菜碎 …… 2小勺
  └ 蛋黄酱 …… 4大勺

做法

1. 鸡胸肉裹上土豆淀粉。带叶蔬菜切成方便食用的片。
2. 油加热至180℃，放入鸡胸肉炸8分钟左右。
3. 将材料A放入一个方平底盘中混合均匀。将材料B也混合均匀。
4. 第二步鸡胸肉炸至焦黄后放入拌匀的材料A中，裹匀酱汁腌5分钟左右，切成方便食用的块。
5. 蔬菜装盘，摆上切好的鸡胸肉块，浇上调好的材料B即可。

> 便宜的鸡胸肉搭配上魅惑的酱，做成的菜真是上品呢！

清爽版

酸汤萝卜炖鸡翅

材料（2人份）

推荐

鸡翅 …… 6根
白萝卜 …… 1/4根

A ┌ 生姜（带皮切薄片）…… 1块
  │ 红尖椒（切小块）…… 1根
  │ 米醋、酱油 …… 各4大勺
  │ 陈醋、酒 …… 各2大勺
  └ 砂糖 …… 1大勺

做法

1. 鸡翅表面切一个口。白萝卜切成2～3cm厚的半圆形片。
2. 锅内加入白萝卜片和刚好将其没过的水，中火加热，煮8～10分钟。白萝卜片煮熟后，加入材料A和鸡翅煮8～10分钟即可。

小贴士

可以用鸡腿肉代替鸡翅。那样要直接将整个鸡腿放入锅内煮，煮至表面变色后取出，切成方便食用的块后再放回锅内继续煮。

> 这是一道爽口的炖菜。它虽然炖制时间不长，但是酸爽的味道却渗透到了所有食材的最深处。

打入一颗黏滑的温泉蛋，享用这道用料十足的牛肉盖饭吧。

金平牛蒡牛肉盖饭

材料（2人份）

牛肉片 …… 250 g
鸡蛋 …… 2个
牛蒡 …… 15cm 长的一段
胡萝卜 …… 1/3 根
洋葱 …… 1 小个
米饭 …… 适量

A
酱油 …… 3 大勺
砂糖、酒 …… 各 2 大勺
味醂 …… 1 大勺

做法

1. 锅内放入足量的热水煮沸后关火，放入鸡蛋（冷藏过），盖上锅盖，放置 7 分钟左右。
2. 牛蒡和胡萝卜用擦丝器擦成细丝。牛蒡丝快速过水后捞出，沥干水。洋葱纵向切为两半后再纵向切为薄片。
3. 另取一个锅，加入材料 A 中火煮沸，煮至牛蒡丝和胡萝卜丝变软。再依次加入洋葱片、150ml 水和牛肉片煮沸，煮至牛肉片变色即可。
4. 米饭装盘，盖上第三步做好的菜，再打入第一步热水烫好的鸡蛋即可。

小贴士

鸡蛋也可以直接用现成的温泉鸡蛋。

牛排沙拉

材料（2人份）

牛腿肉块 …… 250 g
豆苗 …… 适量
盐 …… 1 大勺
黑胡椒碎 …… 适量
橄榄油 …… 1 大勺
柚子醋酱油 …… 2 大勺

做法

1. 牛腿肉块搓上盐，腌入味，撒上黑胡椒碎。豆苗从中间对半切成两段。
2. 平底锅中加入橄榄油，中火烧热，转大火放入牛腿肉块快速煎至两面上色。把牛腿肉块盛出用锡纸包好，放 5 分钟左右。（图 a）
3. 剥去锡纸，将牛肉放入碗中。浇上柚子醋酱油再腌 5 分钟左右，之后再切成方便食用的小块。
4. 豆苗装盘，摆上切好的牛肉块。最后将第三步碗中剩下的柚子醋酱油浇在豆苗上即可。

利用余热慢慢加热的牛肉，口感非常软嫩！

用泡香菇的水代替高汤，令整道菜香气四溢，而且更健康！

日式麻婆豆腐

材料（2人份）

肉末 …… 100 g
干香菇薄片 …… 2 g
生姜 …… 1块
大葱 …… 1/2 根
内酯豆腐 …… 300 g
温水 …… 220 ml
香油 …… 1 大勺
味噌 …… 1 1/2 大勺
豆瓣酱 …… 1 小勺

A　土豆淀粉、水 …… 各1大勺

做法

1. 干香菇薄片用温水泡5分钟左右，沥干水后切碎。泡香菇的水放在一边备用。内酯豆腐切成 2cm 见方的块。生姜切成姜末，大葱切成葱花。

2. 平底锅中加入香油、姜末、葱花，中小火加热，炒香后放入肉末炒散。肉末炒至变色后，依次加入泡香菇的温水、香菇薄片、味噌、豆瓣酱，转中火煮3分钟左右。

3. 关火，将调好的材料A倒入锅中，搅匀。再次用中火加热，汤汁变稠后加入内酯豆腐块煮一会儿即可。

豆腐鸡肉丸子汤

■材料（2 人份）

鸡腿肉末 …… 150 g	B ┌ 鸡蛋液（打散）…… 1/2 个的量
老豆腐 …… 100 g	│ 洋葱（切碎）…… 1/4 个
韭菜 …… 适量	│ 舞茸碎 …… 1 大勺
A ┌ 水 …… 500 ml	│ 大蒜（切碎）…… 1/2 瓣
│ 酒 …… 1/2 大勺	│ 面粉 …… 1 大勺
│ 海带片（5 cm 见方）	│ 味噌 …… 1/2 大勺
└ …… 1 片	└ 盐 …… 3/4 小勺

■做法

1. 锅内加入材料 A。老豆腐用厨房纸包好，上面压上一个重物，放置 5 分钟左右将老豆腐中的水压出，取下重物，另取厨房纸把老豆腐表面的水擦干。
2. 碗内放入鸡腿肉末、老豆腐，再放入材料 B，搅拌均匀。
3. 第一步的锅中的材料用中火煮沸，用手将第二步中拌好的材料搓成丸子加入锅内。丸子浮起来之后，将韭菜撕成方便食用的长段（图 a），放入锅内，稍煮一会儿即可。

■小贴士

1. 把韭菜拧一下，用手就很容易撕断了。
2. 如果喜欢，最后也可以加点儿柚子醋酱油。

泰式拌菜

■材料（2 人份）

猪肉末 …… 300 g	酱油 …… 1 小勺
紫洋葱 …… 1/4 个	辣椒粉 …… 适量
自己喜欢的带叶蔬菜 …… 适量	
薄荷叶 …… 适量	
A ┌ 鱼露、柠檬汁 …… 各 2 大勺	
│ 砂糖 …… 1 $\frac{1}{2}$ 小勺	
└ 盐 …… 少许	

■做法

1. 紫洋葱纵切成薄片。带叶蔬菜切成方便食用的片。
2. 锅内加入 200ml 水，大火加热，煮沸后转中小火，加入猪肉末和材料 A 搅拌均匀，转中火收汤汁。汤汁收完后加入酱油、紫洋葱片拌匀，再加入辣椒粉拌匀。
3. 带叶蔬菜装盘，盛入第二步中拌好的洋葱肉末，撒上薄荷叶即可。

■小贴士

泰式沙拉一般是将加热好的肉末用辣椒粉和香草拌匀来食用的。

清爽版

柠檬黄油酱汁虽然浓厚，但后味却很清爽。剑鱼也可以用其他鱼肉代替。

柠檬黄油香煎剑鱼芦笋 推荐

材料（2人份）

剑鱼鱼片……2片
绿芦笋……8小根
圣女果……6个
盐……1小勺
面粉……适量
黄油……15g
白葡萄酒……2大勺
柠檬汁、酱油……各1大勺

做法

1. 剑鱼鱼片撒上盐，腌10分钟左右，然后用厨房纸擦干水，裹上面粉。芦笋切成两段。

2. 平底锅中加入黄油，用中火烧至化开，放入剑鱼鱼片和芦笋段，两面煎2分钟左右。加入圣女果，淋上白葡萄酒，盖上锅盖焖3分钟左右。浇上柠檬汁和酱油，快速收汁即可。

鲣鱼沙拉

材料（2人份）

鲣鱼 …… 200 g
洋葱 …… 1/2 个
裙带菜（盐渍）…… 10 g
水菜 …… 50 g
绿紫苏叶 …… 2 片
盐 …… 1/2 小勺
橄榄油 …… 1 大勺
柚子胡椒 …… 1/4 小勺
柚子醋酱汁 …… 2 大勺

做法

1. 鲣鱼搓上盐腌一会儿。碗内放入橄榄油和柚子胡椒拌匀，再加入腌好的鲣鱼，将鱼身裹匀调料。洋葱纵向切成薄片后用柚子醋酱汁拌匀。裙带菜用水泡5分钟左右，沥干水后切大片。水菜切成方便食用的段。绿紫苏叶切丝。
2. 平底锅中火烧热，放入鲣鱼快速煎至两面上色，然后切成1cm的厚片。
3. 碗内加入第一步中拌好的洋葱片与裙带菜片、水菜段、鲣鱼片、绿紫苏叶丝拌匀即可。

鲣鱼表面稍微煎一下，香味四溢。拌上蔬菜就是一道分量满分的沙拉。

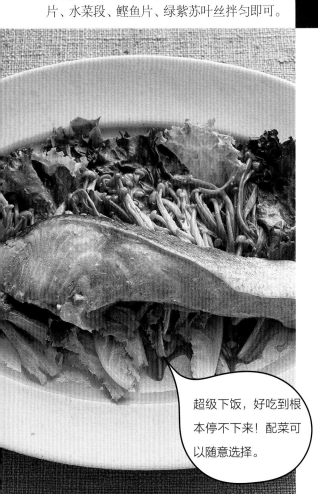

超级下饭，好吃到根本停不下来！配菜可以随意选择。

黄油酱香烧鲑鱼

材料（2人份）

鲑鱼肉块 …… 2 块
金针菇 …… 1 袋
生菜 …… 4 片
酒 …… 2 大勺
酱油 …… 2 大勺
黄油 …… 1 大勺

做法

1. 金针菇切成两段。生菜撕成方便食用的片。
2. 锅内放入鲑鱼肉块，淋上酒，盖上锅盖，中火加热焖2分钟左右。撒上金针菇段，转圈淋上酱油，加入黄油，开着锅煮3～4分钟。关火，铺上生菜片盖上锅盖，闷2分钟左右即可。

沙丁鱼沙拉盖饭

沙丁鱼腌制入味，配上米饭一起享用这道丰盛的美食吧！

■材料（2人份）

沙丁鱼 …… 100 g
洋葱 …… 1/2 个
绿紫苏叶 …… 2 片
香葱和其他自己喜欢的带叶蔬菜 …… 各适量
寿司饭（或白米饭） …… 适量
盐 …… 少许
白葡萄酒醋 …… 1/2 大勺

A ┌ 柚子醋酱汁 …… 2 大勺
　├ 蛋黄酱 …… 1 大勺
　└ 柚子胡椒 …… 1/4 小勺

■做法

1. 沙丁鱼切成2cm长的鱼肉段。洋葱纵切为薄片，撒上盐轻轻揉搓，然后加入白葡萄酒醋，拌匀。绿紫苏叶切丝。香葱切成小葱圈。选一些自己喜欢的带叶蔬菜切成方便食用的片。
2. 碗内加入材料A，混合均匀，加入沙丁鱼段拌匀。再加入第一步拌好的洋葱片与绿紫苏叶丝、香葱圈拌匀。
3. 碗中盛入寿司饭，依次加入带叶蔬菜和第二步中拌好的沙丁鱼沙拉即可。

■小贴士

白葡萄酒醋可以用醋和柠檬汁代替。

清爽版

醋渍煎青花鱼蔬菜

■材料（2人份）

盐渍青花鱼肉 …… 1 片
青椒 …… 2 个
舞茸 …… 1 袋
圣女果（红色的和黄色的） …… 共 5 ~ 6 个

砂糖 …… 1 大勺
A ┌ 米醋（或醋） …… 2 大勺
　├ 酱油 …… 1 大勺
　└ 柠檬汁 …… 1/2 大勺
橄榄油 …… 1 大勺

■做法

1. 盐渍青花鱼撒上砂糖，放置10分钟左右用厨房纸擦干水，切成方便食用的块。青椒剁成方便食用的片。舞茸撕开。碗内加入材料A混合均匀。
2. 平底锅中加入橄榄油，中火烧热，放入青花鱼块，带皮的一面朝下煎至上色。将青花鱼块翻面拨到锅内一边，转中小火，在锅内空的地方依次放入青椒片、舞茸、圣女果煎3 ~ 4分钟。
3. 将煎好的青花鱼块和蔬菜放入调好的材料A中，腌5分钟左右即可。

脂香四溢的青花鱼用醋和柠檬汁腌渍一下也会变成一道清爽的美食哦！

不用刀就可以做！关火后利用余热加热的鸡蛋口感特别松软。

圣女果芝士蛋饼

推荐

材料（2人份）

鸡蛋 …… 4个
圣女果 …… 5~6个
切片奶酪（不容易化的）…… 2片
盐 …… 1/2 小勺
橄榄油 …… 1大勺
黑胡椒碎 …… 适量

做法

1. 鸡蛋打入碗内并打散，加盐搅拌均匀。
2. 用直径20cm 的平底锅，加入橄榄油，中火烧热，放入圣女果一边翻动一边煎。倒入打散的鸡蛋液转大火拌匀。鸡蛋煎至半熟后，将奶酪掰碎加入锅内，撒上黑胡椒碎。关火盖上锅盖，焖5~6分钟即可。

小贴士

圣女果不用切直接放入锅内煎，这样可以保留它的甘甜味道。

夏季蔬菜味噌汤

■材料（2人份）

茄子（小个）…… 1个
日本姜…… 1个
海带片（3 cm 见方）…… 1片
味噌…… 2大勺

■做法

1. 茄子切成 5mm 厚的圆片。日本姜切丝。
2. 锅内加入 400ml 水和海带片，中小火煮沸，加入味噌煮至化开。再加入茄子片和日本姜丝快煮一会儿即可。

> 非常适合炎热夏季食用的一道汤。

日 式 汤

为您介绍一些用大量健康食材做成的味噌汤等汤品。

清爽版

煎梅干薯蓣昆布清汤

> 梅子干煎一下会别有一番风味！

■材料（2人份）

梅子干…… 2个
薯蓣昆布…… 1把
酱油…… 1小勺

■做法

1. 平底锅大火烧热，放入梅子干煎至表面上色。
2. 锅内加入 400ml 水，大火加热，沸腾后放入梅子干和薯蓣昆布，再加入酱油调味即可。

姜丝竹荚鱼冷汤

材料（2 人份）

竹荚鱼干…… 1 条
日本姜、绿紫苏叶…… 各适量
高汤…… 400 ml
酒…… $1\frac{1}{2}$ 大勺
味噌…… 2 大勺
熟白芝麻…… $1\frac{1}{2}$ 大勺

做法

1. 将烤鱼用网中火烤热，放上竹荚鱼干烤至两面上色。放至不烫手后去掉鱼头、鱼皮和骨头等，将鱼肉撕成方便食用的条。日本姜和绿紫苏叶切丝备用。
2. 锅内加入高汤和酒，中火加热，煮沸后加入味噌和熟芝麻，关火。放至不烫手后，将锅底放在冰水中冷却，然后加入竹荚鱼肉条、姜丝和大部分绿紫苏丝拌匀。
3. 盛入碗中，撒上剩余的绿紫苏丝即可。

竹荚鱼干变身精品冷汤。

纳豆芝麻菜味噌汤

材料（2 人份）

纳豆…… 50 g
芝麻菜…… 1 棵
海带片（3 cm 见方）…… 1 片
鸡蛋…… 2 个
味噌…… 2 大勺

推荐

做法

1. 纳豆用水洗一下，轻轻洗掉表面的黏液然后沥干水。芝麻菜切成方便食用的段。
2. 锅内加入 400ml 水和海带片，中火加热，煮沸后加入纳豆，再加入味噌煮至化开。打入鸡蛋，转中小火稍煮一会儿。关火，加入芝麻菜即可。

分量满分，早餐用它搭配米饭足矣。

蛤蜊豆腐香芹味噌汤

材料（2 人份）

蛤蜊（吐净沙子）…… 100 g
嫩豆腐…… 150 g
香芹…… 1/2 根
味噌…… 2 大勺

做法

1. 嫩豆腐切成 1.5cm 见方的块。香芹斜着切成薄片。
2. 锅内加入蛤蜊和 400ml 水，中火煮沸，煮至蛤蜊开口。加入香芹，香芹片稍微变软后加入味噌煮至化开，最后加入嫩豆腐块煮一会儿即可。

香芹清爽的味道是整道汤的关键。

鸡肉黄麻圣女果汤

口中充满鸡汤的香味。

材料（2人份）

鸡胸肉 …… 100 g
长蒴黄麻叶子 …… 10 g
圣女果 …… 4 个
酒 …… 3/4 大勺
酱油 …… 1 大勺

做法

1. 长蒴黄麻叶子洗净备用。圣女果纵向切成两半。
2. 锅内加入 400ml 水和酒，大火煮沸，加入鸡胸肉煮，撇去浮沫。鸡胸肉煮至变色后捞出，去掉肉筋撕成方便食用的条。
3. 锅内加入黄麻叶和圣女果继续煮。黄麻叶变软后再将鸡胸肉条倒回锅内，加入酱油煮一会儿即可。

其他类型的汤

充分利用了食材本身的味道，打造出一道道具有各式各样口味的汤品。

清爽版

蔬菜排毒汤

一道使用了香草汁的汤品，非常健康。

材料（2人份）

胡萝卜 …… 2/3 根
香芹 …… 1 根
橄榄油 …… 1/2 大勺
香草汁 …… 500 ml
盐 …… 1/2 小勺

做法

1. 胡萝卜切成 3mm 厚的半月形的片。香芹茎斜着切薄片。香芹叶子留着备用。
2. 锅内加入橄榄油，中小火烧热，放入胡萝卜片炒制。加入香草汁，大火煮沸，加入香芹茎片和香芹叶子，转中火煮 5 分钟左右。
3. 捞出香芹叶子，加盐，稍煮一会儿即可。

小贴士

香草汁是用肉桂、肉蔻、姜等有辛辣味道的材料制成的。如果没有香草汁，可以加 500ml 水，再放点儿白萝卜等能煮出甜味的蔬菜即可。

材料（2人份）

五花肉 …… 100 g
白萝卜 …… 3～4 cm 长的一段
麦片 …… 1 把
盐 …… 2/5 大勺

做法

1. 五花肉搓上盐腌一会儿。白萝卜切成 3mm 厚的银杏叶状的片。
2. 锅内加入五花肉和 400ml 水，中火煮沸，再煮 10 分钟左右，撇去浮沫。加入白萝卜片，捞出五花肉，将五花肉切成方便食用的块再放入锅内。加入麦片，煮至麦片变软即可。

咸肉萝卜麦片汤

麦片的口感会上瘾哦。

吸足了汤汁的面包片，绝对颠覆你的想象。

培根洋葱面包汤

材料（2人份）

培根（块）…… 100 g
洋葱 …… 1/2 个
面包片 …… 2 片
芝士粉 …… 适量
盐 …… 适量
黑胡椒碎 …… 适量

推荐

做法

1. 洋葱纵向切成薄片。
2. 锅内加入培根和 400ml 水，中小火煮沸，煮 5 分钟左右。加入洋葱。捞出培根，将培根切成 7～8mm 见方的块后再放回锅内。加入盐和黑胡椒碎调味。
3. 盛入碗中，放上面包片撒上芝士粉即可。

材料（2人份）

芜菁 …… 3 个
鲣鱼高汤 …… 400 ml
盐 …… 适量

做法

1. 芜菁切成半月形块。
2. 锅内加入高汤和盐，中火煮沸，加入芜菁煮 3 分钟左右。
3. 将煮好的芜菁汤放入料理机打碎即可。

小贴士

推荐使用比较浓稠的鲣鱼高汤。

芜菁浓汤

散发着芜菁的甘甜，是一道非常有味道的汤品。

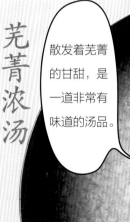

做一菜一汤时　帮你省时的物品

专为那些犹豫的人推荐！
沙拉搅拌器

大庭英子 小姐

做沙拉就一定要用沙拉搅拌器。用水浸泡带叶蔬菜和洋葱等之后，要把它们弄干，用沙拉搅拌器比用厨房纸更快、更好，成品还可以保留蔬菜爽脆的口感。很多人认为这类炊具太占地方而犹豫要不要买，告诉你，一定要买！

炖东西必备的平底锅！
带盖的平底锅

说到平底锅大家都会联想到做炒菜、煎菜，但大庭小姐也会用来做炖菜。大一点的带盖的平底锅用起来非常方便。它比普通的锅底面积大，更容易受热，做一些汤少的炖菜在短时间内就能煮好。

有多种用法的烹饪工具！
硅胶汤勺

木岛隆太 先生

就可能你会感到意外，但是硅胶汤勺用于炒菜确实非常方便。用硅胶材质的汤勺炒菜不会划伤平底锅，而且盛菜的时候比用长筷和木勺等盛得更干净。

在烹饪准备工作中经常使用的就是保鲜袋，比如腌肉、裹淀粉的时候，蔬菜需要搓上盐腌渍的时候，等等。这些准备工作在保鲜袋中做，可以使调料非常均匀地沾到所有食材上，而且事后收拾起来也很方便。绝对是一石二鸟的好方法！

烹饪准备工作中的重要角色！
保鲜袋

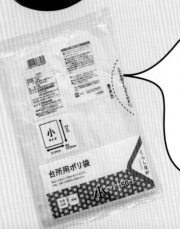

最近的汤料包和柴鱼素都很出色呢！

"无添加纯鸡汤"和"美味高汤"

如果你没有时间炖汤或煮高汤，那使用市面上卖的这种汤料包和柴鱼素就很方便了。可以多尝试几种，找到自己喜欢的味道。这个过程也是蛮有趣的呢。产品的形式不一，有固体颗粒的、液体的等，都有袋装的。右边这两款商品是特别要推荐给大家的。

近藤幸子 小姐

即使不是柠檬收获的季节，用这个也可让人胃口大开。

日本香橙柠檬 广岛柠檬

角田真秀 小姐

夏天做菜的时候可以巧妙地利用柠檬调整菜的味道，清爽的味道最适合夏天。如果不是当季，难买到日本产的柠檬，可以使用市面上销售的这款日本产柠檬汁。这款商品绝不亚于现挤的柠檬汁，鲜果味十足，而且省去了挤柠檬的时间，用量也非常好把握。好处多多！

角田小姐非常喜欢用这款直径 20cm 的小平底煎锅。她认为，在做双人份煎菜的时候非常方便。特别忙的时候可以不用盛出来，直接端上桌即可。因为有余热，这款锅保温性又极好，所以菜也不容易凉。如果有两个同样的锅，其中一个还可以当锅盖用。

直接端上桌的

小平底煎锅